稀土铕对铝硅合金的变质作用和机理研究

毛 丰 著

中国原子能出版社

图书在版编目（CIP）数据

稀土铈对铝硅合金的变质作用和机理研究 / 毛丰著.
北京：中国原子能出版社，2024.5. -- ISBN 978-7
-5221-3441-3

Ⅰ. O614.33; TG146.21

中国国家版本馆 CIP 数据核字第 2024TK9556 号

稀土铈对铝硅合金的变质作用和机理研究

出版发行	中国原子能出版社（北京市海淀区阜成路 43 号　100048）	
责任编辑	付　凯	
责任印制	赵　明	
印　　刷	北京金港印刷有限公司	
经　　销	全国新华书店	
开　　本	787 mm×1092 mm　1/16	
印　　张	12.25	
字　　数	168 千字	
版　　次	2024 年 5 月第 1 版　2024 年 5 月第 1 次印刷	
书　　号	ISBN 978-7-5221-3441-3　　定　价　76.00 元	

网址：**http://www.aep.com.cn**　　　　E-mail：**atomep123@126.com**

发行电话：**010-68452845**　　　　　　版权所有　侵权必究

作者简介

    毛丰，男，汉族，1990 年 7 月出生。毕业于大连理工大学，博士研究生。现就职于河南科技大学，副教授，硕士研究生导师，任高温难熔金属材料河南省工程实验室先进成型技术研究室主任、龙门实验室智能制造基础研究中心主任助理，长期从事铝合金细化和变质、金属材料先进成型技术，数据库和智能制造研究工作。获河南省科技进步一等奖 1 项、中国有色金属工业科学技术奖一等奖 2 项、中国专利优秀奖 1 项、河南省科技进步二等奖 1 项，获洛阳市第十届青年科技奖，主持国家自然科学基金、国家重点研发计划重点项目子课题、河南省重大专项课题、河南省科技攻关等项目 10 项；在 *Materials & Design*、*Journal of Materials Research and Technology*、*International Journal of Metalcasting* 等期刊以第一作者或通讯作者发表 SCI 论文 12 篇，授予发明专利 41 件。

前　言

　　Al（-Zn）-Si 合金具有优良的铸造性能、耐磨性、热稳定性以及较高的综合力学性能，被广泛应用于航空航天和汽车制造行业，但其组织中粗大的初生硅和共晶硅，在受力时容易产生应力集中，严重削弱了其力学性能。针对传统变质剂的局限性，本研究提出用 Eu 元素对硅相进行变质，以发掘 Al（-Zn）-Si 合金的应用潜力，提高合金的力学性能。本书主要研究内容包括：Eu 与 P 在高纯亚共晶 Al-7Si 合金中的交互作用及 Eu 变质后共晶硅的生长机制；Eu 对工业 Al-7Si-0.3Mg 合金组织和性能的影响；Eu 对高纯过共晶 Al-16Si 合金中的初生硅的变质机制；Eu 和 P 复合变质对工业 Al-16Si 合金中硅相的变质机理和性能研究；Eu 对工业 Al-40Zn-5Si 合金中"先共晶硅"及共晶硅的变质规律。本书主要取得了以下几种研究成果：

　　（1）Eu 和 P 元素在亚共晶 Al-7Si 合金中有很强的交互作用，合金中含 P 量越多，共晶硅完全转变为纤维状时所需要加入的 Eu 的含量就越高，这是由于 Eu 固溶在 AlP 相中形成（Al，Eu）P、熔体中析出的粗大 Al_2Si_2Eu 对富 P 颗粒的包裹以及 P 元素固溶在粗大的 Al_2Si_2Eu 相中所致。Eu 元素变质后共晶硅内部含有高密度的多重孪晶，它既可以吸附在硅的<112>方向上来毒化孪晶凹槽，又可以吸附在两条孪晶线的相交处来诱发孪晶。

　　（2）稀土 Eu 元素的加入，提高了工业 Al-7Si-0.3Mg 合金在铸态下和 T6 热处理状态下的抗拉强度和延伸率。当加入 Eu 含量为 0.1%时，合金在铸态下的质量指数提高了 11.4%，T6 热处理后的质量指数提高了 10.8%。

　　（3）Eu 元素对高纯 Al-16Si 合金中初生硅和共晶硅具有双重变质效果，随着 Eu 含量的增加，粗大的五瓣状初生硅逐渐转变为尺寸更加细小的八面体和板片状初生硅，同时共晶硅也逐渐变为纤维状。Eu 元素对初生硅的变质作

1

用主要是由于 Eu 元素在初生硅前沿形成溶质富集层,形成了较大的成分过冷,阻碍了初生硅的生长所致。

（4）Eu 和 P 复合变质实现了工业 Al-16Si 合金中的初生硅和共晶硅的双重变质,提高了合金的力学性能,当添加 Eu 含量为 0.15%,P 含量为 0.06% 时,合金的抗拉强度提高了 14.1%,延伸率提高了 108%,磨损率降低了 35.9%。

（5）Eu 元素对含微量杂质 P 的工业 Al-40Zn-5Si 合金中"先共晶硅"和共晶硅具有双重变质效果。随着 Eu 含量的增加,"先共晶硅"逐渐变为球状,共晶硅逐渐变为纤维状。Eu 元素的加入提高了合金的拉伸性能,当 Eu 含量为 0.2%时,合金的抗拉强度和延伸率分别提高了 16.9%和 383%。

（6）同步辐射实时成像显示,未变质工业 Al-40Zn-5Si 合金中初生相为 α-Al,"先共晶硅"颗粒首先在枝晶前沿析出,共晶反应时的领先相为共晶硅,随后共晶铝在共晶硅上形成。0.3%Eu 的加入对"先共晶硅"颗粒的析出具有一定的抑制作用,这是由于 Eu 固溶在 AlP 中形成了（Al, Eu）P,削弱了 AlP 颗粒对"先共晶硅"的异质形核能力。

（7）高分辨的扫描透射高角环形暗场像显示,Eu 对"先共晶硅"生长的影响机制主要包括:单个 Eu 原子列的吸附导致堆垛层错和平行孪晶的形成;单个 Eu 原子列和多个 Eu 原子列组成的三角形状团簇的吸附导致相交孪晶的形成;线状分布的 Eu 原子列吸附在孪晶上,毒化了孪晶凹槽（TPRE）。

本书选题新颖独到、结构科学合理、数据丰富详实,形成了一套完整且科学合理的知识体系,对于材料科学与工程相关领域的研究工作具有一定的理论价值,可作为科研人员和工作人员的参考用书。

本书在写作过程中,参考引用了许多国内外学者的相关研究成果,也得到了许多专家和同行的帮助和支持,在此表示诚挚的感谢。由于作者的专业领域和实验环境所限,加之作者的研究水平有限,本书难以做到全面系统,疏漏和错误实所难免,敬请读者批评赐教。

主要符号表

符号	代表意义	单位
w	体积磨损率	mm^3/m
m_0	磨损前试样的质量	g
m	磨损后试样的质量	g
ρ	磨损试样的密度	g/mm^3
L	磨损距离	m
δ	晶格错配度	%
α	杰克逊因子	—
T_m	平衡结晶温度	K
Q	合金的质量指数	—
R	晶体的生长速度	m/s
ΔT	过冷度	℃
c_i	凝固界面前沿的杂质浓度	%
m_i	液相线的斜率	—
σ_i	颗粒断裂强度	MPa
γ	表面能	J
E	增强体颗粒的杨氏模量	GPa

符号	代表意义	单位
ΔV	颗粒周围基体的塑性变形量	%
σ_s	屈服强度	MPa
μ	泊松比	—
τ_c	滑移面上的切应力	MPa
τ_s	位错运动的内摩擦力	MPa

目　录

1

绪 论

1.1 研究背景与研究意义

由于硅在地壳中的含量为 26.3%，仅次于氧元素的含量，价格低廉，此外还具有热膨胀系数低、密度小和硬度高等特点，因此硅元素通常作为增强相加入铝基体或者铝锌基体中来增加合金的流动性、热稳定性和耐磨性。然而无论是 Al-Si 合金还是 Al-Zn-Si 合金，组织中常常含有粗大的初生硅和板片状共晶硅，合金在受力时容易产生应力集中，割裂合金基体，进而严重削弱其力学性能，尤其是延伸率。因此，为了改善合金的力学性能，通常向熔体中加入某种化学元素来达到变质组织中的初生硅和共晶硅的目的。硅的变质现象是在 1921 年由 Aladar[1]首先观察到的，他发现 Na 元素可以将板片状的共晶硅变质成为纤维状；1963 年，Davies[2]发现 Na 元素还可以使过共晶铝硅合金中的初生硅变成球状；1998 年，赵浩峰[3]用 Na 元素来变质锌铝合金中的硅相，制备出了更高耐磨性的球团硅相增强的 ZA35 合金基复合材料。Sr 元素的变质现象是 1966 年 Thiel 发现的，它具有与 Na 元素相同的变质能力，也可以将共晶硅变质成为纤维状[4]；1992 年，Ylimaz[5]发现 Sr 元素能使过共晶铝硅合金中的初生硅变成树枝状，而我们在 2015 年发现 Sr 元素能使 Zn-27Al-3Si 合金中的初生硅相球化[6]，这说明 Sr 元素对初生硅的变质效果取决于基体的类型。

随着测试技术的发展，研究者们在探索硅的变质机理方面开展了大量的工作，普遍认为，硅的变质行为主要是由于变质元素在硅上的吸附影响了硅的生长。到目前为止，被研究者们广泛接受的生长机制主要包括杂质诱导孪晶（IIT）机制[7]、孪晶凹槽（TPRE）机制[8,9]和毒化孪晶凹槽机制[10]。杂质诱导孪晶（IIT）机制认为变质原子（例如，Sr 或 Na）可以吸附在硅的生长台阶上，改变硅的堆垛顺序，进而产生了大量的孪晶。孪晶凹槽（TPRE）机制提出硅在孪晶凹槽处具有较快的生长速度，而孪晶凹槽毒化机制认为变质元素有选择性地吸附在孪晶凹槽（TPRE）处阻碍了硅的生长，进而消除了硅在孪晶凹槽处的生长优势。最近，Li J.H.[11,12]通过透射电子显微像（TEM）分析及高角环形暗场像（HADDF）分析等手段发现 Sr 元素沿着＜112＞方向分布在共晶硅的孪晶线上，尤其在两条孪晶线的相交处含量更高，这就验证了杂质诱导孪晶（IIT）机制和毒化孪晶凹槽（TPRE）机制的存在。值得一提的是，这些生长机制的提出都基于变质元素 Sr 和 Na 元素对共晶硅的变质作用，而有关初生硅的变质机制的报道却非常少，尤其是杂质诱导孪晶（IIT）机制和毒化孪晶凹槽机制（TPRE）机制是否适用于初生硅的变质尚不清楚。

除了 Sr 和 Na 元素，2004 年 Nogita[13]在研究十四种稀土元素对共晶硅的变质行为时发现，只有稀土元素 Eu 可以将共晶硅变质为纤维状，而其他稀土元素只能细化共晶硅。因此，Eu 元素与 Sr[4]和 Na[1]元素一样，对共晶硅颗粒有很强的变质作用，都能将共晶硅变质为纤维状。然而关于 Eu 元素对硅的变质行为、变质机理的详细研究到目前为止非常有限，尤其是 Eu 元素对过共晶 Al-Si 合金和 Al-Zn-Si 合金中初生硅的变质行为和变质机理尚未有人研究，这些信息对于进一步阐明 IIT 机制和 TPRE 毒化机制是非常重要的。

需要指出的是，IIT 机制、TPRE 机制和 TPRE 毒化机制都是描述变质元素对硅的生长的影响，然而变质元素对硅形核的影响对于阐述变质机制也是非常重要的。由于铝合金中常常含有 P 杂质元素容易形成 AlP，而 AlP 与 Si

的错配度小，可以作为共晶硅的形核质点[14-16]。而 Crosely 和 Mondolfo[17]发现 Na 元素使共晶硅在更大的过冷度下形核，认为这是由于 Na_3P 的形成，减少了熔体中有效的 AlP 颗粒。Cho[18]也发现了 Sr 元素变质后组织中的 Al_2Si_2Sr 金属间化合物消耗了 AlP 颗粒，减少了熔体中共晶团的数量。因此，很明显变质元素（Na 和 Sr）与 P 有很重要的交互作用，这一方面减少了熔体中变质元素的有效含量，另一方面降低了硅的形核率。然而，Eu 元素对硅的形核行为的影响很少研究，尤其是 Eu 元素与 P 元素的交互作用尚未有人研究。

因此，本书研究了 Eu 元素对亚共晶 Al-Si 合金、过共晶 Al-Si 合金和 Al-Zn-Si 合金中硅相的变质规律，在此基础上进一步研究了 Eu 元素与 P 元素的交互作用、硅的形核和生长行为，这对于进一步阐明硅的变质机理和新材料的开发具有非常重要的意义。

1.2 硅在合金中的作用和形态

1.2.1 铝硅合金

硅元素加入铸造铝合金中，可以增加合金的流动性，降低铸件的热膨胀系数，而且使合金的耐磨性和可焊性提高[19]。因此 Al-Si 合金往往具有优良的铸造性能、耐热性、耐蚀性以及较高的综合力学性能，被广泛应用于航空航天和汽车制造行业，其产量约占铸造铝合金的 90%[20]。图 1.1 为 Al-Si 合金的二元相图[21]，可以发现 Al-Si 共晶反应温度为 577 ℃（约 850 K），共晶点为 12.2 at.%（12.6 wt.%），由于铝在硅中的固溶度很小，因此硅相可以看作是纯硅。按照合金中 Si 含量的多少，可以将 Al-Si 合金分为亚共晶 Al-Si 合金、共晶 Al-Si 合金和过共晶 Al-Si 合金。当 Si 含量小于 12.6 wt.%时，合金属于亚共晶 Al-Si 合金，此时合金的初生相为 α-Al，待温度降至 577 ℃时，发生 Al-Si

共晶反应，合金最终的凝固组织为初生 α-Al 和共晶 Al-Si 组织；当 Si 含量为 12.6 wt.%时，合金属于共晶 Al-Si 合金，此时合金不存在初生相，待温度降至 577 ℃时，只发生 Al-Si 共晶反应，因此合金最终的凝固组织只有共晶 Al-Si 组织；当 Si 含量大于 12.6 wt.%时，合金属于过共晶 Al-Si 合金，合金的初生相变为 Si，合金最终的凝固组织为初生 Si 和共晶 Al-Si 组织。

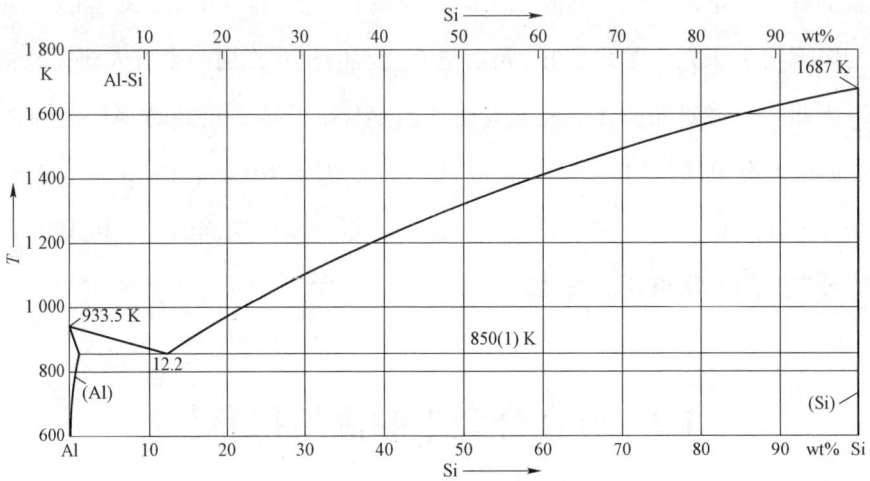

图 1.1　铝硅相图[21]

未变质亚共晶和共晶 Al-Si 合金中的共晶硅一般在二维空间中呈针状，但是它的三维形貌实际上是板片状[22]。未变质过共晶 Al-Si 合金中的初生硅颗粒往往具有复杂的形貌，常见的形态包括板片状、五瓣星状和八面体状的初生硅[23]。其中板片状初生硅与板片状共晶硅的形貌相似，均具有很大的纵横比；而五瓣星状初生硅常常含有五个分枝，它在每个分枝上均具有较大的生长速度，三维形貌显示五个分枝其实也具有板片状的结构[24]。未变质的初生硅和共晶硅在受力时会在其尖端产生应力集中，严重割裂合金基体，从而导致 Al-Si 合金力学性能的下降[25]。因此，亚共晶和共晶 Al-Si 合金需要经过变质处理来改变共晶硅的形貌，而过共晶 Al-Si 合金往往通过变质处理来达到同时改变初生硅和共晶硅的形貌的目的。

1.2.2 铝锌硅合金

由于 Zn 元素的加入，Al-Si 共晶反应的共晶点和共晶温度都将发生改变，这取决于合金中 Zn 与 Al 元素含量的比值。图 1.2 为计算的 Al-6.13Si-xZn 相图的垂直截面图[26]，可以发现当硅含量为 6.13%时，初生相已经变为硅相，形成初生硅；随着温度的下降合金开始发生 Al-Si 共晶反应，形成共晶硅，值得一提的是，此时共晶反应不再是在某一恒定温度，而是在一温度区间；最后合金在 381 ℃的时候发生 Zn-Al-Si 三元共晶反应。

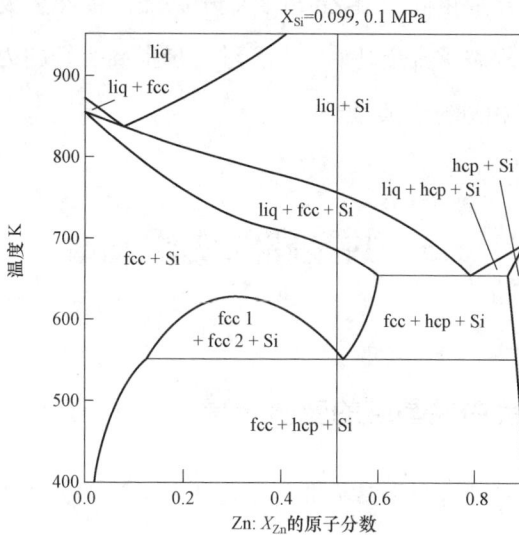

图 1.2　计算的 Al-6.13Si-xZn 相图的垂直截面图[26]

第二次世界大战期间及大战后，包括 ZA-5、ZA-8、ZA-12、ZA-27、Alzen 305、Zn-40Al-2Cu 等在内的锌铝合金发展迅速，这是由于它们具有优良的力学性能、铸造性能以及耐磨性，并且成本低廉、熔炼节省能源，因此其逐渐替代了传统的铸铁、铝合金和铜合金[27]。但是，随着温度的上升，铸件尺寸将变得不稳定，这是由于亚稳相 ε（CuZn₄）向稳定相 T′ 的转变发生了四相反应（$\alpha + \varepsilon \rightarrow T' + \eta$），这将会导致 Zn-Al-Cu 合金发生 4%～5%的不可逆的体积膨胀[28]。为了克服工件尺寸的不稳定性，常常用 Si 元素代替 Cu 元素加入 Zn-Al

合金中，来增加合金的耐磨性，但是与含 Cu 合金相比，加 Si 合金具有较低的强度和韧性[29,30]。近年来，为了进一步提高合金的韧性和尺寸稳定性，Savaskan 用更多 Al 元素代替 Zn 元素制备了 Al-40Zn-3Cu[31]和 Al-25Zn-3Cu[32]轴承合金，这是由于其在凝固过程中生成了稳定的 θ（CuAl$_2$）相而不是亚稳相 ε（CuZn$_4$）。他还进一步研究了 0～5%Si 含量对 Al-40Zn-3Cu[33]和 Al-25Zn-3Cu[34]合金力学性能的影响，发现 Si 元素的加入降低了合金的强度，但是提高了合金的耐磨性，其中 Al-40Zn-3Cu-2Si[35]和 Al-25Zn-3Cu-3Si[36]合金分别具有最高的强度和耐磨性能，与 SAE 65 铜合金相比，具有更高的耐磨性。尽管如此，与 Al-Si 合金相似，Al-Zn-Si 合金中共晶硅依然呈板片状，初生硅形态也非常复杂[6]，割裂了合金基体，为了进一步提高合金的力学性能，必须对 Al-Zn-Si 合金中硅相进行变质处理。

1.3　共晶硅的变质元素

1.3.1　铝硅合金中共晶硅的变质元素

到目前为止，铝硅合金中常见的可以变质共晶硅的元素主要包括钠（Na）、锶（Sr）、锑（Sb）、钙（Ca）、钡（Ba）、铋（Bi）、碲（Te）和稀土元素，工业生产中最常用的是 Na、Sr 和 Sb 这三种变质元素。其中 Na 和 Sr 可以使板片状的共晶硅变为纤维状，而 Sb 能对共晶硅起到细化作用。

1.3.1.1　钠元素

自 20 世纪 20 年代 Aladar[1]发现 Na 元素对共晶硅具有很强的变质能力以来，Na 元素成为工业生产中应用最早的元素，到 20 世纪 70 年代一直是应用最广泛的元素。据报道，熔体中 Na 元素含量在 0.005%～0.01%之间时就能产生很好的变质效果，其成本低，变质孕育期短[37]，而且不受精炼剂和冷却速度的影响[38]，变质后合金的力学性能和切削性能都能得到显著提高[39]。但是它在工业生产中还存在很多缺点：由于 Na 极易氧化和蒸发，导致 Na 变质持续时间短，重熔性差，吸收率低，增加了熔体中的含气量[40]；且 Na 的密度比铝熔体小，容易富集在熔体表面，常常使上部铝液产生过变质，而下部铝液变质不足，这就导致了力学性能的大幅度下降[41]；此外，Na 盐对坩埚和熔化浇注工具有腐蚀作用，变质过程中还会产生大量毒气，影响工人健康的同时污染环境[42]。这些缺点使 Na 元素无法满足现代化生产的需求，因此钠变质正逐渐被取代。

1.3.1.2 锶元素

20 世纪 60 年代 Thiel 发现 Sr 对共晶硅的变质效果不亚于 Na 元素。与 Na 元素相比，Sr 元素变质时效长，重熔性好，吸收率高[43,44]，不容易产生过变质效果[37]，而且对环境友好，也不会对工具产生腐蚀。因此，20 世纪 80 年代美国、日本等国便开始采用 Sr 元素变质来取代 Na 元素变质[45]。美国铸造学会（AFS）[46]还根据 Sr 变质后亚共晶 Al-Si 合金中共晶硅的形貌、大小和分布将变质效果分为六个等级，如图 1.3 所示，各等级的定义为[47]：① 完全未变质：共晶硅颗粒呈粗大的块状，部分共晶硅颗粒呈针状；② 层片状结构：当加入的 Sr 含量较低时，粗大的块状共晶硅颗粒消失，共晶硅颗粒呈细小的层片状；③ 部分变质：随着 Sr 含量的继续增加，层片状共晶硅颗粒进一步细化，演变成为更小的层片，组织中出现了少数纤维状共晶硅；④ 层片状结构消失：绝大部分层片状共晶硅颗粒转变为纤维状，但是此时组织中仍有少数的层片状共晶硅颗粒；⑤ 纤维状：层片状共晶硅颗粒完全消失，共晶硅颗粒全部转变为纤维状，此变质等级可以认为共晶硅发生了完全变质；⑥ 微细结构：继续增加 Sr 含量，纤维状共晶硅颗粒进一步细化，共晶硅颗粒的平均面积要小于五级变质的共晶硅颗粒。但是由于 Sr 变质后熔体吸氢严重，常常导致铸件针孔度增加，致密性下降[48]。此外，Sr 还会发生氯化反应，所以 Sr 变质时不宜采用氯盐或者氯气精炼，而应该采用通氮气和氩气的方法精炼[49]。.

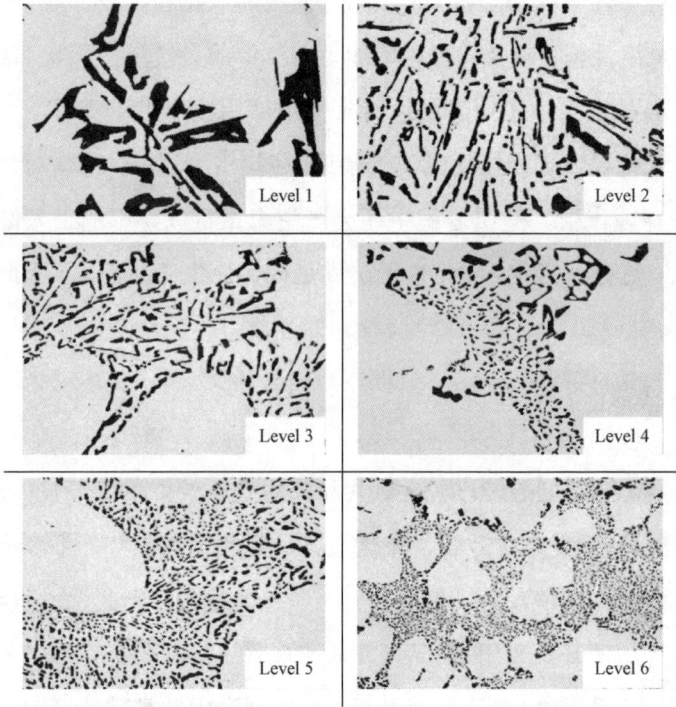

图 1.3　美国铸造学会不同硅变质等级对应的典型共晶硅组织形貌[47]

1.3.1.3　锑元素

Sb 元素对共晶硅的变质作用是 1923 年由 Edwards 首先发现的，与 Na 和 Sr 元素不同，Sb 元素只能细化共晶硅，不能使共晶硅转变为纤维状。随后 Nagel[50]和 Jacob[51]验证了 Sb 元素对共晶硅的变质作用，发现与 Na 和 Sr 元素相比，Sb 变质后熔体流动性好，吸气倾向小，铸件的致密性好，热处理后的力学性能优于 Na 和 Sr 变质的合金。此外，Sb 变质时效长，变质效果不受重熔和氯盐精炼的影响，对坩埚没有腐蚀，且价格便宜[52]。但是 Sb 元素的变质效果对冷却速度非常敏感，好的变质效果常常需要较快的冷却速度，对于壁厚相差大的铸件和砂型铸造而言，Sb 元素很难获得良好的变质效果。因此，Sb 元素变质一般适用于冷却速度较快的场合，如砂型铸造壁厚故薄和金属型的铸件[53]。

1.3.1.4　钙元素

Abdollahi 和 Gruzlesk[54]研究了 Ca 元素对 A357 合金组织的影响，发现 Ca 元素吸收率高，变质效果在长时间内不会衰退，并且在反复重熔后依然可以保留变质效果，但 Ca 元素在不同的冷却速度下具有不同的变质效果。在低冷却速度时（砂型铸造）Ca 元素与 Sb 元素一样，只能细化共晶硅，而不能使共晶硅纤维化；而在高的冷却速度下（金属型铸造），Ca 元素变质就能获得纤维状的共晶硅。SreejaKumari[55]对 Sr 和 Ca 元素对 Al-7Si-0.3Mg 合金组织和性能的影响做了对比，发现 Ca 元素含量在 0.0085%～0.017%之间时，铸件可获得与 Sr 变质相当的力学性能；进一步增加 Ca 元素的含量至 0.045%，虽然能获得细小的纤维状共晶硅，但是铸件中针孔率增加，铸件致密性下降。

1.3.1.5　钡元素

周继扬[56]首先研究了 Ba 元素对共晶铝硅合金的变质作用，发现 Ba 元素与 Sr 元素具有相同的变质作用，最佳加入量为 0.05%～0.08%，变质时间可以持续十个小时，重熔性好，铝水的流动性也与变质前相差不大，但是 Ba 元素对冷却速度比较敏感，在砂型试棒直径大于 12 mm 时变质效果不佳。此外，由于 Ba 元素与 Sr 元素同族，Ba 元素也会发生氯化反应，因此 Ba 变质时也不能使用氯气或者氯盐精炼。随后，Nogita[57]也证实了 Ba 的变质效果，890 ppm 的 Ba 可以使 Al-7Si 合金中的共晶硅完全转变为纤维状。

1.3.1.6　铋元素

Bi 元素加入 Al-Si 合金中可以改善合金的尺寸稳定性和切削性能，还具有良好的自润滑性[58]。Farahany[59]系统地研究了 0.25%～2%Bi 元素对近共晶 Al-Si 合金组织和性能的影响，结果显示当加入 Bi 的含量为 1%时，共晶硅由粗大的板片状转变为细小的薄片状，这与 Sb 元素对共晶硅的变质作用相同，且 Bi 元素的变质效果能够持续三个小时不衰退，1%Bi 变质后的合金抗拉强度提高了 15.6%，延伸率提高了 118.2%。但是，由于 Bi 的密度较大，很容易产生密度偏析，因此 Bi 变质通常用于不重要的铸件[40]。

1.3.1.7 碲元素

朱培钺[60]研究了 Te 元素含量对 Al-13Si 合金中共晶硅的变质规律，发现当 Te 含量为 0.05%时，合金开始变质；当加入 Te 含量为 0.1%时，变质效果最好，变质后共晶硅仍为板片状，但板片变薄、分枝增加；继续增加 Te 含量至 2%，也未出现纤维状的共晶硅。因此 Te 对共晶硅的变质作用与 Sr 和 Na不同，而与 Sb 相同。此外，Te 变质具有长效性，重熔三次变质效果依然良好，对环境无污染[38]。但是其变质效果受冷却速度的影响也较大，价格昂贵，因此其应用并不广泛[61]。

1.3.1.8 稀土元素

稀土元素是元素周期表中镧系元素以及与镧系元素化学性质相似的钇（Y）和钪（Sc）共 17 种元素的统称。跟传统变质剂相比，稀土元素不仅可以变质或者细化共晶硅，而且还能和铝合金熔体中的氢反应生成 RE_mH_n，起到除气除渣的作用[62]，改善了合金的工艺性能，尤其适用于铸造铝合金的再生产过程[63]。此外，稀土变质还具有长效性，好的重熔性[64]，其变质过程也不会对环境造成污染。张启运[65]研究了 11 种稀土在慢冷速（1.1～1.3 K/s）下对共晶硅的变质作用，如图 1.4 所示，发现铕（Eu）元素具有最强的变质能力，变质效果可以与 Sr 和 Na 相比拟，镧（La）、铈（Ce）的变质效果次之，但远远达不到 Sr 和 Na 的水平。Nogita[13]也研究了十四种稀土在慢冷速（1 K/s）下对共晶硅的变质行为，也发现 0.06%Eu 可以将共晶硅变质为纤维状，其他稀土元素只能细化共晶硅。李豹[66]和 Pandee[67]发现稀土元素钇（Y）、镱（Yb）和钪（Sc）对共晶硅的变质效果依赖于冷却速度，低冷速时只能细化共晶硅，而高冷速时能将共晶硅变质成为纤维状。

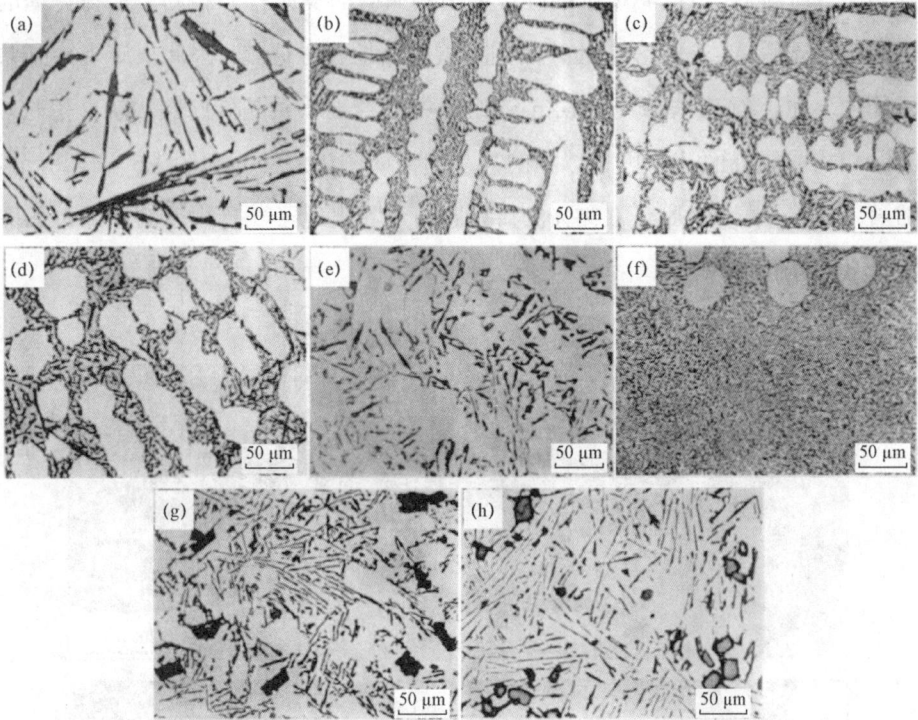

图 1.4 特定稀土元素对应最佳变质效果时样品的金相照片[65]
（a）未变质 （b）0.07%La （c）0.16%Ce （d）0.08%Pr （e）0.08%Sm
（f）0.05%Eu （g）0.23%Gd （h）0.25%Y

综上所述，尽管 Ca、Ba 和某些稀土元素（例如 Yb、Y 和 Sc）在高冷速下变质效果良好，但是在慢冷速下能使共晶硅纤维化的只有 Na、Sr 和 Eu 元素，这说明它们三者对共晶硅的变质效果最强。

1.3.2 铝锌硅合金中共晶硅的变质元素

铝锌硅合金中共晶硅的最常用的变质元素是 Sr 和 Na。

1.3.2.1 锶元素

Vencl[68]研究了 Sr 元素对 Zn25Al-1Si 合金中共晶硅的变质行为。图 1.5（a）显示未变质的共晶硅呈针状和层片状，当加入 Sr 含量为 0.03%时，共晶硅转变为纤维状，这与 Sr 对铝硅合金中共晶硅的变质行为相同。值得一提的是，Sr 变质后 Al-Si 合金中的共晶团在凝固后期相互碰撞，因此很难观察到共晶团的界面，而 Sr 变质后 Al-Zn-Si 组织中的纤维状共晶硅向四周辐射生长，与 α 相构成了界面清晰可见球状的共晶团，如图 1.5（b）和图 1.5（c）所示。随着 Sr 含量继续增加至 0.05%，共晶硅的尺寸出现了一定程度的增加，如图 1.5（d）所示。

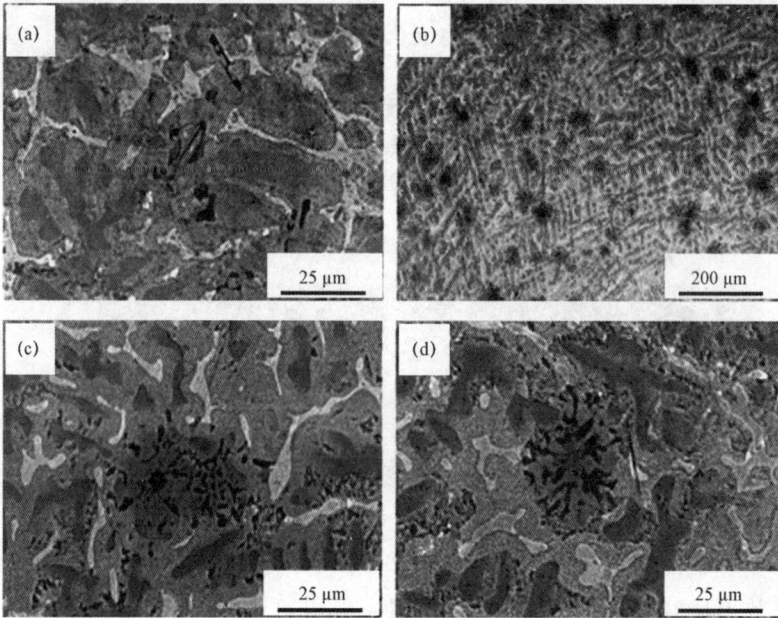

图 1.5　Zn25Al-1Si 合金的微观组织[68]
（a）Zn25Al-1Si（b，c）Zn25Al-1Si-0.03Sr（d）Zn25Al-1Si-0.05Sr

1.3.2.2　钠元素

刘金水[69]研究了 Na 盐对 Zn-43Al-3Si 合金中共晶硅的影响，发现当 Na 盐加入量为 5%时，不规则片状的共晶硅转变为纤维状共晶硅，这也与 Na 元素对铝硅合金中共晶硅的变质行为相同。同时，共晶硅形貌的改变，也提高了合金的力学性能和耐磨性。

1.4 共晶硅的变质机理

自 1922 年起，广大研究者就针对共晶硅的变质机理展开了大量的研究，提出了很多变质理论。例如，1922 年 Guillet[70]提出的变质元素去除氧化物夹渣理论，1924 年 Edwards 和 Archer[71]提出的硅的同素异形体理论，1926 年 Gwyer 和 Phillips[72]提出的硅的分散胶体相理论，1949 年 Thall[73]提出的变质元素降低界面能理论，1957 年 Tsumara[74]提出的变质元素降低硅扩散速率理论，1964 年 Kim and Heine[74]提出的生长温度决定硅形貌理论，但是这些理论均被后来的研究者所否定。直到 1965 年，研究者们开始关注变质元素 Na 和 Sr 对硅形核和长大的影响，并提出了一些经典的理论，这些理论在一定程度上解释了共晶硅的变质行为。时至今日，普遍认为变质元素一方面抑制了共晶硅的形核，另一方面影响了共晶硅的生长。

1.4.1 变质元素抑制共晶硅形核机制

Al-Si 共晶反应属于金属-非金属型共晶反应，液淬实验表明 Al-Si 共晶反应的领先相是共晶硅，共晶硅的形核控制着共晶凝固，因此 Al-Si 共晶团的生长始于共晶硅的形核[75]。磷是工业铝合金中不可避免存在的杂质元素，其含量通常为 10~20 ppm[76]，因此熔体中常常含有均匀分布的 AlP 颗粒。AlP 是闪锌矿型立方晶体结构，晶格常数为 0.545 nm，而 Si 是金刚石立方晶体结构，晶格常数为 0.543 nm，由于它们的晶体结构相似，且晶格错配度小于 1%，因此 AlP 颗粒通常作为 Si 理想的形核质点[15,16]。Nogita[14]用聚焦离子束（FIB）制备透射样品也证明了 AlP 和 Si 之间确实存在位向关系。Ludwig[77]研究了 P 元素对共晶硅形核的影响，发现 P 元素促进了共晶硅的形核，使共晶硅在更高的温度形核，但是共晶硅却出现了粗化现象。Flood 和 Hunt[78]认为这是由于在熔体的散热速率一定时，共晶团的生长速率与系统中总的固－液界面的表面积成反比，而形核率的增加势必增加了共晶团固－液界面的表面积，因此界面的平均生长速率较低，这就导致了共晶间距的增大，共晶硅的粗化。

据报道变质元素（Na、Sr、Ca、Y 和 Sc）可以包裹 AlP 颗粒或者消耗熔体中的 P 元素，使共晶硅的形核率减小。这主要通过两方面来实现：一方面，变质元素与 P 元素可以形成更加稳定的二元磷化物（$Na_3P^{[15-17,79]}$、$Sr_3P_2^{[80,81]}$、$Ca_3P_2^{[82,83]}$和 $ScP^{[67]}$），直接消耗了熔体中的 P 元素，致使生成的 AlP 颗粒减少；另一方面，变质元素可以形成三元的先共晶相 Al_2Si_2X（X 为 $Sr^{[18]}$、$Ca^{[82,83]}$和 $Y^{[66]}$），它们可以在 AlP 上形核，包裹住熔体中的 AlP 颗粒，使其不能作为共晶硅的异质形核质点[84]。

1.4.2　变质元素影响共晶硅生长机制

尽管变质元素可以抑制共晶硅的形核，但是形核率降低导致界面平均生长速率的提高并不足以使共晶硅由板片状转变为纤维状[84]，因此一定存在其他的变质机制导致了共晶硅的纤维化。研究表明，Na 和 Sr 变质后共晶硅中含有高密度的孪晶，而孪晶的形成与共晶硅的生长密不可分，因此研究者们开展了大量的工作来研究变质元素对共晶硅生长的影响。到目前为止，被研究者们广泛接受的生长机制主要包括孪晶凹槽（TPRE）机制、毒化孪晶凹槽机制和杂质诱导孪晶（IIT）机制。

1.4.2.1　孪晶凹槽（TPRE）机制

孪晶凹槽（TPRE）机制是 $Wagner^{[9]}$和 $Hamilton^{[8]}$在研究 Ge 晶体的生长过程时提出的，随后研究者将此机制用来解释硅的生长。由于硅晶体中{111}面是密排面，因此硅晶体的外表面通常由{111}晶面构成，而孪晶面由六对{111}晶面的交线组成，{111}晶面在孪晶面处形成了三个 141°孪晶凹槽和三个 219°孪晶棱边，如图 1.6（a）所示。由于硅原子在孪晶凹槽处沉积所需要的能量大约是平滑界面的一半，硅原子集团或原子更容易在孪晶凹槽处满足硅相生长的界面自由能条件，因此孪晶凹槽成为硅原子叠加生长的有利位置，致使硅晶体在＜211＞方向上生长速度很快[85]。如果硅原子在孪晶凹槽处继续沉积生长，最终将得到由三个孪晶棱边和两个平行侧面构成的三角形晶体，此时孪晶凹槽不能再作为硅原子沉积的有利位置，孪晶凹槽处的快速生长优势消失。但是，如果晶体中含有两个或者两个以上的孪晶面，晶体在六个＜211＞方向上就会含有 141° 孪晶凹槽和 219° 孪晶棱边，如图 1.6（b）所示。此时晶体在孪晶凹槽上生长时会产生更多新的凹槽，这些永久存在的凹槽使得晶体在六个＜211＞方向上可以持续稳定地长大。

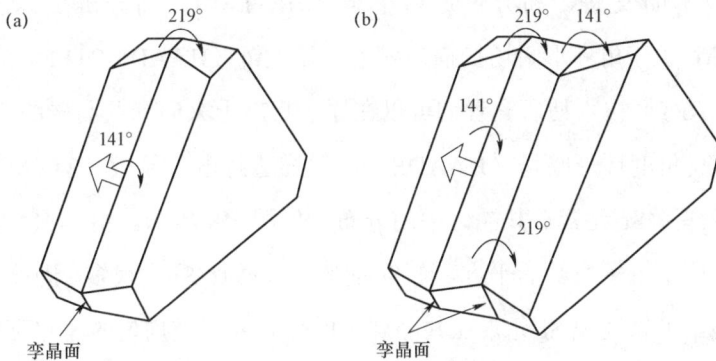

图 1.6　孪晶凹槽机制的示意图[8]

（a）只含有一个孪晶面的晶体（b）含有两个孪晶面的晶体

Shamsuzzoha[86,87]在透射和高分辨电子显微镜下选用了两个互相垂直的＜110＞晶带轴来分析未变质铝硅合金中板片状共晶硅的生长行为，发现只有在一个＜110＞晶带轴下能看到硅中的孪晶，孪晶面平行于共晶硅的侧表面，也平行于板片状共晶硅的＜112＞生长方向。他还在纤维共晶硅的尖端发现了由两个{111}晶面构成的 141° 孪晶凹槽[88,89]，这都为共晶硅中孪晶凹槽生长机制的存在提供了强有力的证据。

1.4.2.2　孪晶凹槽（TPRE）毒化机制

基于 Wagner[9]和 Hamilton[8]在 Ge 晶体中观察到的现象以及表面吸附的概念，1968 年 Day[10]提出了孪晶凹槽（TPRE）毒化机制，即变质元素 Sr 和 Na

可以有选择性地吸附在孪晶凹槽（TPRE）处，阻碍硅原子在孪晶凹槽（TPRE）处的沉积，进而消除了硅在＜112＞方向上的生长优势。鉴于孪晶凹槽（TPRE）毒化机制描述的是变质元素在共晶硅上的吸附，因此研究者们开始关注变质元素 Sr 和 Na 在共晶硅中的分布。Nogita[90,91]用微区 X 射线荧光光谱（μ-XRF）技术发现 Sr 元素均匀分布在纤维状共晶硅中，如图 1.7 所示。Faraji[92]用电子探针（EPMA）得到了相似的结论，这都证明了 Sr 元素在共晶硅上的吸附，但这似乎与 Sr 选择性地吸附在孪晶凹槽（TPRE）处的机制相悖。近年随着电子显微镜技术的发展，高分辨透射电镜（HRTEM）、高分辨扫描透射电镜（HRSTEM）、高角环形暗场扫描透射电子显微镜（HAADF-STEM）和三维原子探针（APT）技术使研究者们可以在原子尺度上来研究共晶硅的变质机理。Li[11,12]用高角度环形暗场（HAADF）与扫描透射电子显微（STEM）相结合的方法研究了 Sr 元素在共晶硅中的分布，如图 1.8 所示。由于 HAADF 图像的亮度正比于原子序数的平方，而 Sr 的原子序数比 Si 大很多，因此在图像中显得更亮。可以发现 Sr 元素在共晶硅中的分布并不是均匀的，它可以沿着硅的＜112＞方向吸附在孪晶上，如图 1.8 所示，这就证明了孪晶凹槽（TPRE）毒化机制的存在。

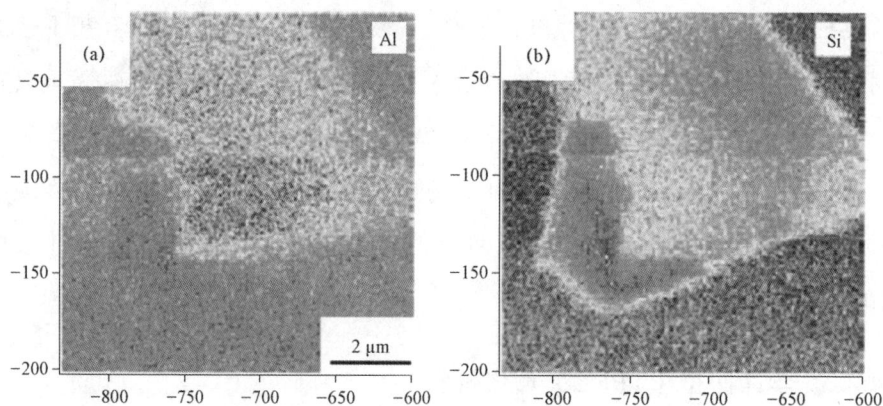

图 1.7　μ-XRF 图像中元素分布[90]

（a）Al（b）Si

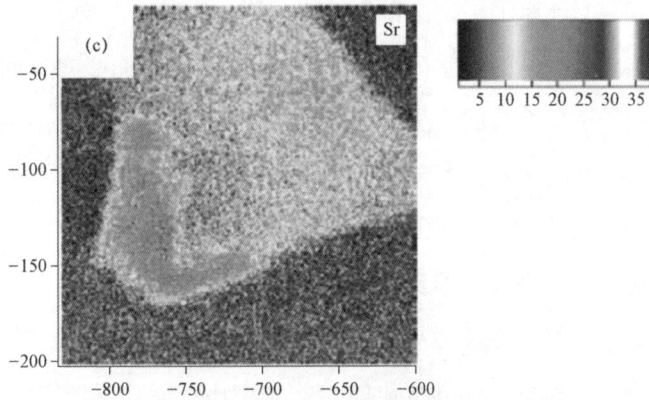

图 1.7 μ-XRF 图像中元素分布[90]（续）

（c）Sr

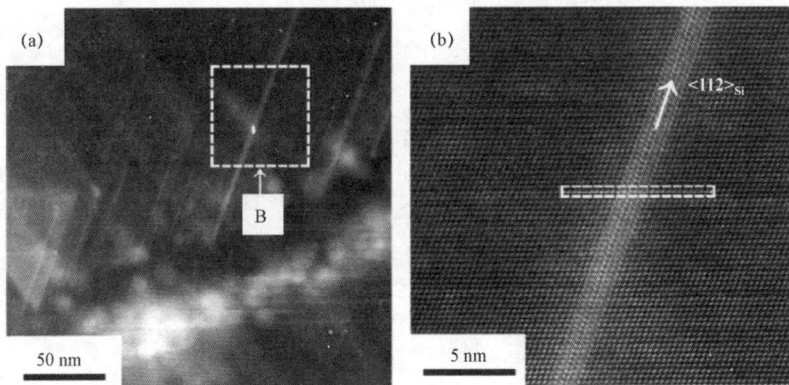

图 1.8 透射图片显示 Sr 沿着＜112＞方向吸附在共晶硅上[11]

（a）STEM-HAADF 图像 （b）图（a）中 B 区域的放大图像

1.4.2.3 杂质诱导孪晶（IIT）机制

Lu 和 Hellawell[93]发现与未变质的板片状共晶硅相比，Sr 和 Na 变质后的纤维状共晶硅含有高密度的孪晶，为了解释 Sr 和 Na 元素对共晶硅的变质机理，1987 年 Lu 和 Hellawell[7]提出了杂质诱导孪晶（IIT）生长机制。根据杂质诱导孪晶（IIT）机制，硅的{111}生长界面前沿存在单原子层的生长台阶，而变质原子作为杂质可以吸附在这些生长台阶上，如图 1.9（a）所示。与此

17

同时，新的硅原子层试图在杂质原子附近生长，改变了硅原子层的堆垛次序，进而诱导了孪晶的产生。Lu 和 Hellawell 还根据面心立方的原子钢球模型，计算出了为了诱导孪晶的产生，计算的杂质原子与硅原子的半径比约为 1.645，如图 1.9（b）所示。值得一提的是，尽管 Yb、Ca 和除了 Eu 之外的其他稀土原子与 Si 原子半径比值也位于杂质诱导孪晶（IIT）机制的最佳半径比范围之内，但是其变质效果远远不及 Sr、Na 和 Eu 元素。因此，Lu 和 Hellawell[7]认为共晶硅要获得好的变质效果，变质原子与硅原子达到最佳的半径比是必需的，同时变质元素对共晶硅变质能力的大小还可能与其他因素（如变质元素的熔点、蒸汽压、形成化合物的能力及在硅表面的吸附能力等）有关。

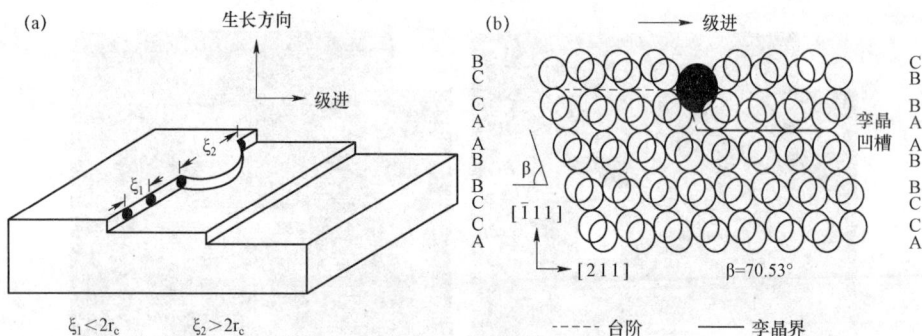

图 1.9　杂质诱导孪晶（IIT）生长机制[7]

（a）生长界面上杂质原子在单原子层台阶上吸附示意图（b）IIT 理论的模型

Li[11,12]同样用高角环形暗场扫描透射像（HAADF-STEM）观察到 Sr 元素可以吸附在两条呈 70.5° 夹角的孪晶线的相交处，如图 1.10 所示，这就证明了杂质诱导孪晶（IIT）机制的存在。根据 IIT 模型的描述对共晶硅起变质作用的是变质原子本身，然而 Timpel[4]用三维探针（APT）技术在 Sr 变质的共晶硅中却发现了两种类型的 Al-Si-Sr 团簇存在，Barrirero[94]也用三维原子探针（APT）技术分别在 Sr 和 Na 变质的共晶硅中发现了 Al-Si-Sr 团簇和 Al-Si-Na 团簇的存在，他认为 Sr 和 Na 可以在共晶硅生长前沿形成这些团簇，影响了共晶硅的生长，进而导致了共晶硅形貌的改变。因此对共晶硅起变质作用的是 Al-Si-X 团簇还是变质原子本身仍需要探究。

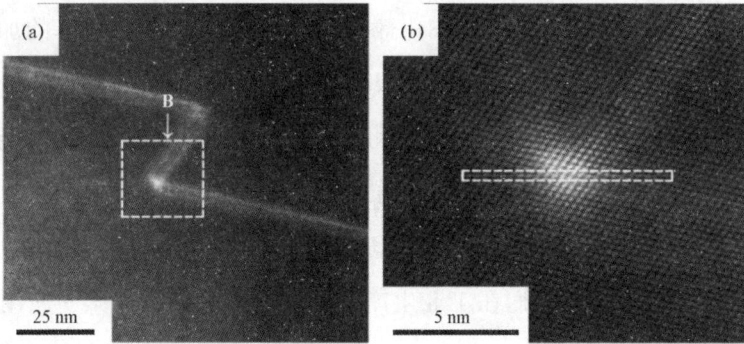

图 1.10　透射图片显示 Sr 吸附在孪晶线的相交处[11]

（a）低倍 STEM-HAADF 图像（b）图（a）中 B 区域的放大图像

1.5　初生硅的变质元素

1.5.1　铝硅合金中初生硅的变质元素

到目前为止，铝硅合金中常见的可以变质初生硅的元素主要包括 P、Na、Sr 和稀土元素，其中 P 和稀土元素可以使初生硅产生很明显的细化作用，而 Na 和 Sr 元素对初生硅的形貌有很强的变质作用。

1.5.1.1　磷元素

1933 年 Roland[95]首先发现了赤磷对过共晶铝硅合金中的初生硅有很强的细化作用，微量的磷元素就能使组织中粗大的不规则形状的初生硅变为细小的规则的初生硅[23]。由于赤磷和磷盐存在污染环境、吸收率低等缺点，研究者们开发了一系列含磷的中间合金，如 Cu-P[96]、Al-Cu-P[97]、Al-Fe-P[98]、Al-P[99]、Al-Si-P[100]和 Al-Zr-P[101]等合金。其中 Cu-P 合金的熔炼温度较高，致使熔体严重吸气，而且合金中 Cu 元素的增加，会使合金产生偏析；Al-Cu-P 合金虽然克服了 Cu-P 合金的缺点，但是其制备工艺相当复杂；据研究 Al-Fe-P

合金具有比 Al-Cu-P 合金更好的细化效果，但是由于有害元素 Fe 的加入，恶化了过共晶铝硅合金的性能，这些都限制了 Cu-P、Al-Cu-P 和 Al-Fe-P 中间合金在工业上的应用。而 Al-P、Al-Si-P 和 Al-Zr-P 中间合金与 Al-Si 合金具有相近的熔点，熔炼温度不需要太高，它们不仅对初生硅有良好的细化效果，而且还具有不引进有害元素，不污染环境，不腐蚀工具和坩埚，不产生反应渣，工艺稳定等优点，因此它们在工业生产上逐渐得到了应用，其中应用最广泛的是 Al-P 合金。

值得一提的是，尽管磷元素对初生硅有良好的细化作用，但是却使共晶硅发生了粗化，这在一定程度上恶化了合金的力学性能，尤其是延伸率。此外,磷变质只对含硅量小于30%的过共晶 Al-Si 合金中的初生硅细化作用显著，而对高硅含量的过共晶 Al-Si 合金的细化作用却达不到市场要求[61,102]。

1.5.1.2 钠元素

自 1920 年 Aladar[1]发现 Na 元素可以变质共晶硅后，1963 年 Davies[2]发现 Na 元素还可以使过共晶铝硅合金中的初生硅变成"球状"，如图 1.11 所示。随后，国内外研究者用 Na 元素来变质初生硅也都得到了相同的实验结果[103-107]，并通过萃取实验发现"球状"初生硅在三维空间中实际上是一个具有复杂多面体结构的初生硅[104]。由于 Na 变质后初生硅尺寸仍然很大，因此工业生产中通常不采用 Na 来变质初生硅[23]。

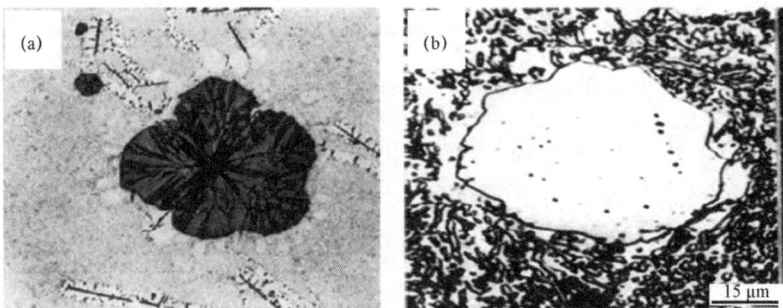

图 1.11 "球状"初生硅的显微照片[108]

（a）腐蚀后（b）腐蚀前

1.5.1.3　锶元素

1992 年，Ylimaz[5]研究了定向凝固下 Sr 元素对过共晶铝硅合金中初生硅的影响，发现其不仅可以变质共晶硅，而且还可以使初生硅转变为树枝状。随后，胡慧芳[109]也研究了 Sr 元素对 Al-25Si 合金中初生硅的影响，也得到了树枝状的初生硅，但是对初生硅尺寸的影响不大，如图 1.12 所示。Liu[110]研究了 Sr 元素对 Al-20Si 合金组织和耐磨性能的影响，发现在 Sr 含量 0～0.06 wt.%之间时，随着 Sr 元素含量的增加，初生硅变得越来越细小，其界面也越来越圆滑，而当 Sr 含量超过 0.08%时，初生硅尺寸反而增大。当 Sr 含量在 0.04～0.06 wt.%之间时，Al-20Si 合金的硬度最高，具有最优的耐磨性能。由于 Sr 变质对初生硅尺寸的影响十分有限，因此工业生产中通常也不采用 Sr 来变质过共晶铝硅合金中的初生硅。

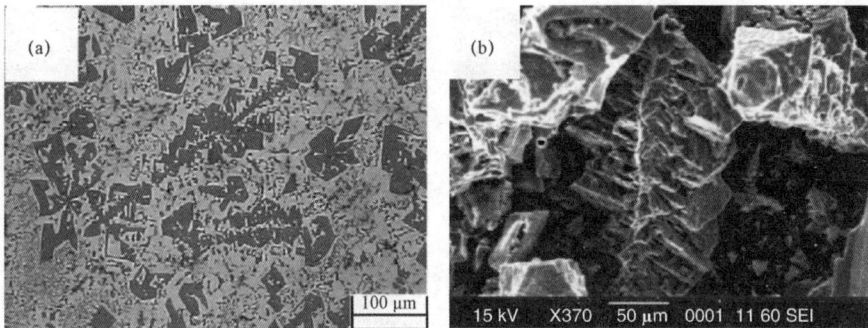

图 1.12　树枝状初生硅的显微照片[109]

（a）二维形貌（b）三维形貌

1.5.1.4　稀土元素

稀土元素种类很多，因此其对初生硅的变质机理比较复杂，时至今日，国内外学者对稀土元素对初生硅的变质效果仍然存在较大的分歧。有研究者认为稀土元素对初生硅有明显的细化效果，而有研究者认为稀土元素对初生硅没有影响。孙宝德[111]研究了混合稀土和 Y 元素对 Al-22Si 合金中初生硅的影响，发现它们对初生硅没有细化作用。而赖华清[64]发现混合稀土对 Al-20Si 合金中初生硅有一定的细化效果，但是细化效果不如 P 元素；随后 Chang[112] 也发现了混合稀土可以消除合金中的粗大的五瓣星状初生硅，表明了其对初生硅具有很强的细化效果，而且这种细化效果随着冷却速度的提高而增强。赖华清和 Chang 有关混合稀土对初生硅变质效果的实验结果明显与孙宝德不同。Weiss[113]研究了 Ce 元素对 Al-16Si 合金中硅相的影响，发现 Ce 元素虽然对共晶硅有很好的变质作用，但是对初生硅的影响却很小。Li[114]研究了 Ce 元素含量对 Al-20Si 合金的组织和性能的影响，发现当添加 Ce 元素含量为 1% 时，初生硅由粗大的五瓣星状转变为细小的多边形状，同时共晶硅由板片状转变为纤维状，如图 1.13 所示。与未变质的合金相比，变质后合金的抗拉强度和延伸率分别提高了 63.2% 和 58.1%。这与 Weiss 描述的 Ce 对初生硅无影响的结果截然不同。

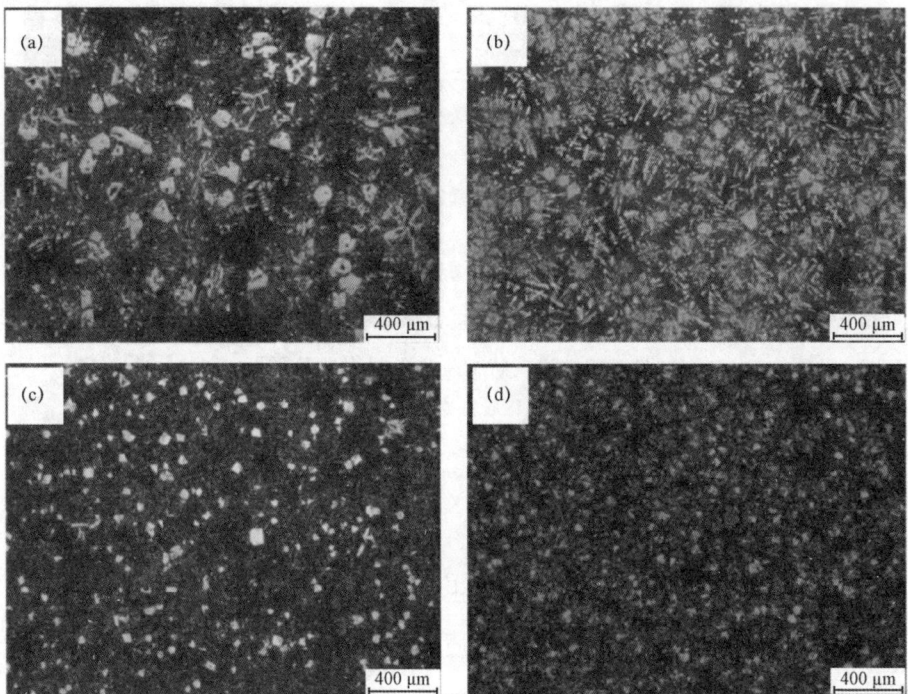

图 1.13　Ce 元素对过共晶 Al-20Si 合金中初生硅的影响[114]

（a）未变质　（b）0.3%Ce（c）0.5%Ce（d）1%Ce

国内外研究者关于稀土元素对过共晶 Al-Si 合金中初生硅的变质效果的认识存在差异的原因可能有三个：一是使用的混合稀土成分组成不尽相同，稀土的种类和含量可能对变质效果产生影响；二是变质工艺不同，尤其是冷却速度和变质温度可能影响变质效果；三是合金中磷元素含量不明确，稀土与磷元素的交互作用势必会影响稀土的变质效果。

1.5.1.5 复合变质

P 元素对初生硅有很强的细化作用，但是粗化了共晶硅；Na 和 Sr 元素对共晶硅有很强的变质作用，但是对初生硅的尺寸影响不大；稀土元素尽管可以同时变质初生硅和共晶硅，但是初生硅细化效果不如 P 元素，共晶硅变质效果又不如 Na 和 Sr 元素。因此，常常在过共晶铝硅合金中加入两种或者两种以上的元素，即通过复合变质来达到同时变质初生硅和共晶硅的目的，进一步提高合金性能。但是变质元素之间常常会发生反应，削弱了各自的变质效果，所以探索过共晶铝硅合金中各元素之间的相互作用，以及得到最佳的变质效果所需的最佳配比问题成为国内外学者关注的重要课题。

日本最先使用同时含 P 和 Na 的盐来变质过共晶铝硅合金，采用 1%的 $Na_2HPO_3 \cdot 5H_2O$ 来变质 Al-20Si 合金，发现组织中的初生硅和共晶硅同时发生了变质[42]。涂小林[115]用（$NaPO_3$）$_n$ 来变质 Al-22%Si-1%Cu-0.5%Mg-0.5%Mn 合金，发现其对初生硅的细化效果要优于单独使用 P 元素时的细化效果，同时对共晶硅也产生了很好的变质效果，合金的抗拉强度和耐磨性得到了大幅度提升。有文献指出[116]，当 P 和 Sr 同时加入过共晶铝硅合金中后，由于两者反应生成了 Sr_3P 化合物，削弱了初生硅和共晶硅的变质效果。Zuo[117]研究了 P 和 Sr 复合变质对 Al-30%Si 合金中硅相的影响，发现熔体温度对 Sr 和 P 的交互作用影响很大，当熔体温度在 1000 ℃左右时，Al_4Sr 相包裹在 AlP 相周围；当熔体温度在 1300 ℃左右时，Sr 和 P 将会反应生成 Sr_3P 相；而当熔体温度在 770 ℃左右时，熔体中存在稳定的 AlP 相和 Al_4Sr 相。因此，她通过连续变质的方法，即当熔体温度为 850 ℃、830 ℃和 800 ℃时加入 Al-3P 中间合金，然后在 770 ℃时加入 Al-10Sr 中间合金，细化了初生硅，同时共晶硅也转变为纤维状，大幅度提高了合金的抗拉强度，如图 1.14 所示。

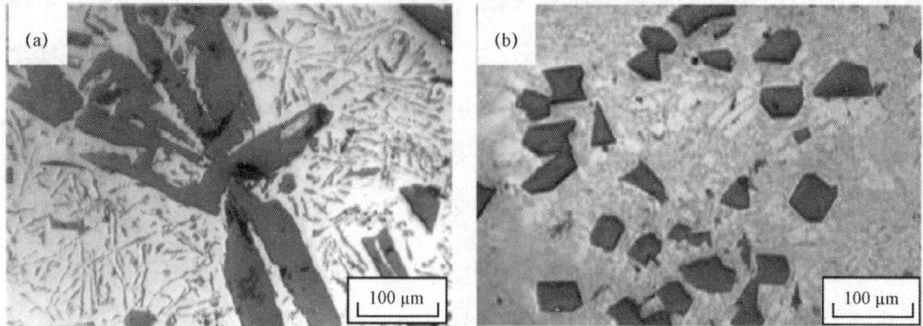

图 1.14 P 和 Sr 复合变质后 Al-30Si 合金的典型微观组织[117]

（a）未变质（b）0.2%Al-3P 和 0.7%Al-10Sr

在稀土与 P 复合变质方面，国内研究者开展了大量的工作，取得了一定的进展，但是对于它们之间的相互作用也存在分歧。Wang[118]研究了 Ce 和 P 复合变质对 Al-21%Si 合金组织和性能的影响，发现当添加 P 含量为 0.08%，Ce 含量为 0.6%时，初生硅得到明显的细化，同时共晶硅转变为纤维状，此时合金的室温抗拉强度和高温抗拉强度均最高。党平[119]也研究了 Ce 和 P 双重变质对铸造 Al-18.76%合金组织的影响，也发现 Ce 和 P 的复合变质可以使初生硅和共晶硅同时细化，但是并不是两者单独作用的叠加，组织中发现的富含 Ce 和 P 的化合物也证明了 Ce 和 P 存在一定的抵消作用，但是它们之间的相互作用程度很弱，远远不及 Na 元素。孙宝德[111]的研究表明单独加入 La 或者 Y 元素对初生硅没有细化作用，但是当 La 或者 Y 元素和 P 元素一同加入时，稀土可以在 P 元素的基础上进一步细化初生硅，同时共晶硅也得到了变质，表现出了稀土和 P 之间有相互促进的作用。

综上所述，Na、Sr 和稀土元素与 P 元素的联合使用同时变质了过共晶 Al-Si 合金组织中的初生硅和共晶硅，提高了合金的力学性能，但是它们之间的相互作用机制尚不清楚，尤其是稀土元素与 P 元素在过共晶 Al-Si 合金中的联合作用机制，还需要进一步的探索。

1.5.2 铝锌硅合金中初生硅的变质元素

1.5.2.1 磷元素

杨斌[120]提出将 P 变质应用到 Si 颗粒增强的 ZA27 合金中,结果表明 P 元素对 ZA27 合金中初生硅的变质规律与 Al-Si 合金大致相同,当添加 1.5%Cu-P 至 Si 颗粒增强 ZA27 合金中时,初生硅相明显细化。姚宏博[121]用 P 元素对 Al-20%Si 合金进行变质处理,之后与 Zn 熔体混熔制备了硅颗粒增强的 ZA27 合金,与未经变质合金相比,初生硅尺寸更加细小,分布更加均匀,其硬度、抗拉强度和延伸率也得到了大幅度提高。Chen[26]的研究表明了 P 元素不仅可以细化硅颗粒增强 ZA27 合金中的初生硅,还可以细化 α-Al 枝晶。

1.5.2.2 钠元素

1994 年,湖南大学刘金水[69]首先用 Na 盐来变质 Si 颗粒增强 Zn-Al43 合金,发现当加入 Na 含量为 3%时,初生硅消失,但并没有观察到初生硅形貌的变化。1997 年至 1998 年间,赵浩峰[3,122,123]先后研究了 Na 盐对 Si 颗粒增强 ZA27 和 ZA35 合金组织和性能的影响,发现和 Al-Si 合金一样,Al-Zn-Si 合金中的初生硅经 Na 元素变质处理后也可以变成球状,而杆状共晶硅可以在球状硅上形核及长大,变质后的 Al-Zn-Si 合金具有好的耐磨性和较高的耐温性。韩富银[124]在 Na 盐变质 Zn-27Al-Si 合金的基础上,通过振动凝固的方法使在球状硅表面长大的杆状共晶硅脱落并发生碎断,降低了 Si 相对基体的割裂作用,使合金的耐磨性提高了 3~4 倍。游志勇[125]研究了 Zn-25Al-Si 合金的断裂特性,发现 Na 盐变质后,由于球状初生硅的出现,断口上的脆性断裂面减少,而韧性断裂面增大。

1.5.2.3 锶元素

有关 Sr 元素对 Al-Zn-Si 合金中初生硅的变质的研究较少,2014 年,

Vencl[68]研究了 Sr 元素对 Zn-25Al-3Si 合金中初生硅的变质行为,发现 0.05%Sr 的加入对初生硅的形貌影响不大。而我们在前期工作[6]中发现随着 Sr 元素含量的增加,Zn-27Al-3Si 合金中的多边形状、片状和五瓣星状的初生硅边界逐渐钝化,当添加 Sr 含量为 0.2%时,初生硅完全球化,共晶硅也同时发生了纤维化,如图 1.15 所示,这与 Sr 对过共晶 Al-Si 合金中初生硅的变质效果不同。

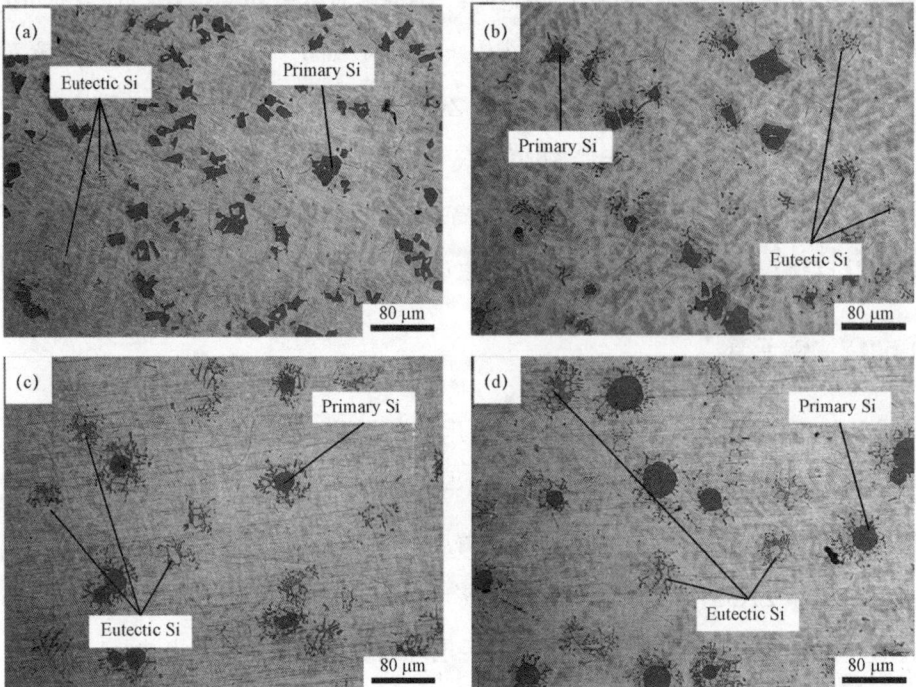

图 1.15　Sr 元素添加 Zn-27Al-3Si 合金中硅相影响的金相图片[6]

（a）未变质（b）0.06%Sr（c）0.1%Sr（d）0.2%Sr

1.6　初生硅的变质机理

变质元素对锌铝硅中初生硅的变质机理较为复杂,大多数变质机理都是基于实验现象提出的假设,主要包括异质形核机制、变质元素抑制初生硅形核机制、变质元素吸附毒化机制和变质元素抑制初生硅生长机制。

1.6.1 异质形核机制

异质形核机制的提出主要针对 P 元素对初生硅的细化作用，P 元素可以与 Al 熔体反应生成 AlP 颗粒，其熔点为 1060 ℃，由于 AlP 与 Si 具有相同的晶体结构，相近的晶格常数，且最小原子间距也非常接近，因此 AlP 颗粒可以作为初生硅理想的形核质点，提高初生硅的形核率，使初生硅颗粒得到了细化。国内外很多学者[14,98,126-129]也都在初生硅内部检测到了 AlP 颗粒的存在，发现 AlP 和 Si 之间确实存在位向关系[14]，证实了初生硅 P 细化的异质形核机制。除了 P 元素之外，有研究证明[130-132]稀土元素 Ce 元素加入过共晶铝硅合金中可以形成 CeO_2，它也是面心立方结构，晶格常数为 0.541 nm，非常接近硅的晶格常数，又由于其熔点较高（1950 ℃），因此 CeO_2 也可以作为初生硅的形核质点，初生硅颗粒中心 Ce 元素的存在也证明了这一推断。但是，异质形核机制无法用来解释初生硅形貌的变化。

1.6.2 变质元素抑制初生硅形核机制

桂满昌[107]研究了高纯 Al-22%Si 合金分别在 Na、Sr 和 P 元素作用下合金凝固过程的冷却曲线，发现 Na 元素大幅度降低了初生硅的析出温度，Sr 元素稍微降低了初生硅的析出温度，而 P 元素大幅度提高了初生硅的析出温度，他认为这是由于它们影响了熔体中 Si 原子团簇的凝并和形核。在 P 元素存在的情况下，由于初生硅析出温度很高，此时不存在 Si 原子团簇凝并和形核的条件，因此五瓣星状初生硅消失，取而代之的是规则的多面体。Na 元素加入后可以吸附在 Si 原子团簇上，抑制它们之间的凝并和形核，使其在更低的温度下以非凝并形核的方式生长，而 Sr 元素对 Si 原子团簇凝并和形核影响不大。

Nogita[133]研究了 Sr 元素对过共晶 Al-17%Si 合金凝固过程的影响，发现 Sr 元素使初生硅的形核温度大幅度下降，随着 Sr 元素含量的增加，液淬宏观组织中初生硅的数量也越来越少。我们在 Sr 变质的 Zn-27Al-3Si 合金中也发现了类似的规律[6],认为其包裹了初生硅的异质形核质点,很可能是 AlP 颗粒,由此可见变质元素与 AlP 在过共晶 Al-Si 合金和 Al-Zn-Si 合金中的交互作用机制需要进一步探索。

1.6.3 变质元素吸附包裹机制

一般认为变质元素 Na 和 Sr 对初生硅的变质机理是吸附包裹机制。Kobayashi[105,106]发现 Na 元素变质后的球状硅实际上是由多个尖端在初生硅中心的锥体晶粒组成的,大多数相邻的晶粒互为孪晶关系,而 Na 元素富集在这些晶粒的孪晶界上,因此他认为 Na 元素吸附在孪晶凹槽上,消除了孪晶凹槽处的生长优势,进而使初生硅变为各向同性生长。Day[103]通过腐蚀发现 Na 元素变质后的球状初生硅内部含有高密度的孪晶,且随着 Na 元素含量的增加,球状初生硅内部孪晶的密度也随之增加。桂满昌[107]发现 Sr 元素富集在树枝状初生硅的内部,并且随着硅的生长,Sr 元素逐渐作用于生长界面,嵌入初生硅中,破坏了孪晶凹槽(TPRE)生长机制。Kim[134]用电子背散射衍射(EBSD)技术发现 Sr 变质后初生硅内部的孪晶增加,认为 Sr 元素均匀吸附在初生硅上诱导了孪晶的产生。我们在 Al-Zn-Si 合金中也发现了 Sr 元素均匀分布在球状硅内,透射实验(TEM)表明球状硅中也存在高密度的孪晶[6,135]。

综上所述,Na 和 Sr 元素均可吸附在初生硅上,变质后初生硅内部也含有高密度的孪晶,这与 Na 和 Sr 变质的共晶硅很相似,但是在原子尺度上来研究 Na 和 Sr 元素对初生硅变质机理的研究还未见报道,因此共晶硅变质的孪晶凹槽(TPRE)毒化机制和杂质诱导孪晶(IIT)机制是否能用来解释 Na 和 Sr 对初生硅的变质尚不清楚。

1.6.4 变质元素抑制初生硅生长机制

变质元素抑制初生硅生长机制一般用来解释稀土元素对初生硅的变质机理。该理论认为由于稀土元素在初生硅中的固溶度极其有限,在初生硅生长时,稀土元素会在其生长界面前沿富集,导致大的成分过冷,从而抑制了初生硅的生长，使初生硅得到细化。

魏伯康[136]研究了混合稀土对 Al-20%Si 合金中初生硅的变质作用，并用扫描电镜对 RE 变质后的初生硅进行能谱分析，在初生硅内部和边缘没有发现稀土元素的富集，因此他认为 RE 变质是由于稀土元素在初生硅界面富集形成了大的成分过冷，造成了初生硅生长界面的不稳，与 Na 元素对初生硅的变质机制不同，这与 Chang[112,137]和胡慧芳[109]关于混合稀土对初生硅变质的实验结果相同。石为喜[138]研究了 Nd 元素对过共晶铝硅合金中初生硅的变质作用及变质机理，发现在初生硅内部和边缘几乎检测不到 Nd 元素的存在，Nd 元素主要分布在晶界上，与 Al 和 Si 形成 Al-Si-Nd 三元化合物，因此他认为 Nd 元素不会在初生硅上吸附，而是主要富集在固液界面前沿，阻碍硅向生长界面扩散，达到细化初生硅的效果。Li[139]研究了 Er 元素对 Al-20%Si 合金中初生硅的变质机理，发现 Er 元素主要以 Al_3Er 相的形式分布在共晶基体上，而初生硅上没有 Er 元素的吸附，他也将初生硅的变质机制归因于 Er 元素界面富集所致的成分过冷增大。

1.7 同步辐射在变质领域的应用

同步辐射是速度接近光速的带电粒子在电磁场的作用下沿弯转轨道运动时放出的电磁辐射，1947 年 Elder[140]在位于美国纽约州 Schenectady 的通用电气公司实验室（GE lab）中调试新建成的一台 70 MeV 电子同步加速器上首次观察到了这种电磁辐射现象，因此被命名为同步辐射。至今同步辐射装置的建造及其应用研究，经历了三代的发展。与普通光源相比，第三代同步辐射光源（包括上海同步辐射光源 SSRF，美国的先进光子源 APS，欧洲同步辐射光源 ESRF 和日本大型同步辐射设施 SPring-8）具有高亮度、高通量、准直性好、相干性好、偏振度高、洁净度高、光谱范围宽、优良的脉冲时间结构等优势，已成为材料科学、生命科学、环境科学、化学、地质学、物理学、医药学等学科领域的基础和应用研究的一种最先进的、不可替代的工具[141-144]。

1.7.1　同步辐射实时成像技术

　　凝固过程是金属材料从液态到固态的相变过程，它与铸件的最终相组成、微观组织形态和溶质分布特征有着密切的联系，对金属材料的后续加工和最终性能起着决定作用。因此，国内外学者一直致力于研究金属材料的凝固组织生长过程及性能变化。传统的研究方法大多是分析最终凝固组织或者结合液淬实验来分析某一时刻的凝固组织，这些静态实验必然将会错失一些金属凝固过程中的重要信息。随着传统 X 射线成像技术在临床医学、生物学等领域的广泛应用，材料学者利用此技术开展金属凝固成像实验[145,146]，但由于普通 X 射线的亮度和光通量较低，无法在短曝光时间内获得清晰的图像。而同步辐射 X 射线的出现，极大缩短了曝光时间，加上更高的时空分辨率的 CCD 采集系统使得使用同步辐射成像技术来观察金属的凝固过程成为可能。1999年，Mathiesen[147]首先利用同步辐射成像技术观察了 Sn-Pb 低熔点合金的凝固过程，随后，一系列低熔点合金（Sn-Bi、Sn-Pb、Sn-Cu 等[148-151]）和中高熔点合金（Al-Cu、Al-Ni、Al-Si、Al-Bi、Zn-Al、碳钢等[152-160]）的枝晶断裂[148]、枝晶粗化[149]、温度区域熔炼（TGZM）[150,160]、柱状晶向等轴晶转变（CET）[155,158]、固/液界面演变及溶质分布[152]、难混溶相分离[154,159]等经典凝固现象被同步辐射成像技术完整的记录和观察，为验证和完善金属凝固动力学模型提供了重要数据。尽管如此，用同步辐射实时成像技术来观察变质元素对 Al-Si 合金凝固过程的影响的研究却非常少，这是由于 Al 和 Si 具有相近的原子序数和密度，无法形成清晰的吸收衬度。另一方面，液-固和固-固界面产生的相位衬度也非常有限，尽管经过图像处理，也很难观察到变质后的共晶体，这也使实时在线观察 Al-Si 合金的凝固过程变得非常困难。

　　2010 年，Mathiesen[161,162]通过在 Al-Si 合金中加入合金元素 Cu 来产生 X 射线吸收衬度的方法，首次用同步辐射实时成像技术观察到了未变质和 Sr 变质 Al-Si-Cu 合金中 Al-Si 共晶团的生长。他发现在未变质合金的共晶反应中硅是领先相，共晶 Al 可以在共晶 Si 上形核，Sr 变质后共晶团形核率下降，其固-液界面变得光滑，这都与先前液淬实验得出的结论相符。除此之外，他还在 Sr 变质合金中发现一个颗粒由远离 α-Al 的熔体中移动至 α-Al 枝晶附近，随后 Al-Si 共晶团可能在这个颗粒附近形核长大，如图 1.16 所示。他推断共晶团很可能是在 Si 个颗粒上形核，但是并没有足够的证据来支撑他的推断。

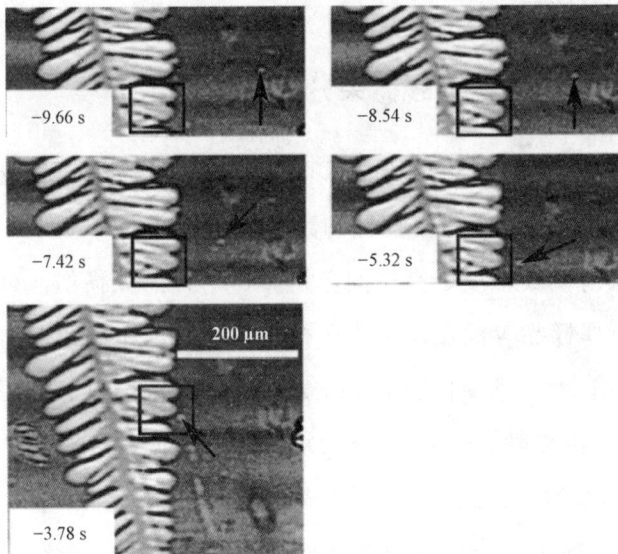

图 1.16 Al-Si-Cu-Sr 合金中共晶体形核之前 Si 颗粒运动的特写照片[161]

我们在前期工作中用同步辐射实时成像技术观察了未变质和 Sr 变质后 Zn-27Al-3Si 合金的凝固过程，发现硅是初生相，Sr 元素极大降低了初生硅的析出温度，加快了初生硅的生长速度。此外，Sr 变质后共晶硅极易在初生硅表面形核，通过对图像背景剪切，还发现了一些被 α-Al 枝晶覆盖的共晶团，如图 1.17 所示。这是由于 α-Al 在长大过程中排出的 Si 元素，由于 α-Al 枝晶的阻碍很难扩散至熔体中去，随着温度的降低富 Si 的熔体将发生共晶反应，形成独立的共晶团。

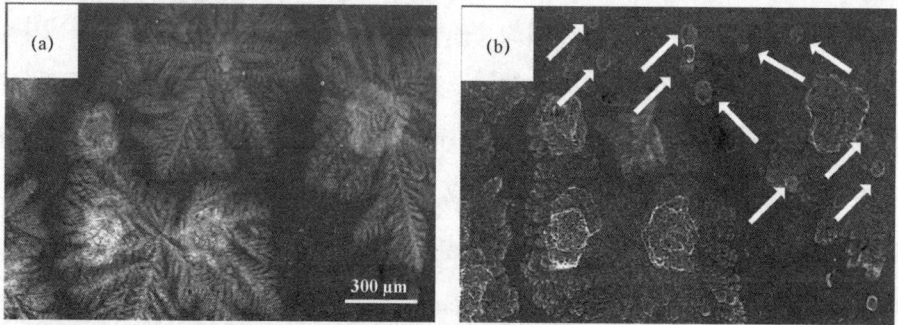

图 1.17　0.2%Sr 变质的 Zn-27Al-3Si 合金和先前存在的 α-Al 枝晶重叠的共晶体

（a）原始图片（b）背景剪切之后的图片

1.7.2　同步辐射硬 X 射线微束分析技术

同步辐射硬 X 射线微束分析技术可以用来分析微小样品或具有微区结构的样品。与质子探针、电子探针和离子探针等技术[163]相比，同步辐射微束分析技术具有高灵敏度、高空间分辨率、对样品无损伤，可在非真空下测量、可分析厚样品等优点，因此在材料、地质、环境和生物等很多领域有广泛的应用[164]。常用的微束研究方法包括微束 X 射线荧光分析（μ-XRF）和微束 X 射线衍射（μ-XRD）。微束 X 射线荧光分析（μ-XRF）是通过探测 X 射线激发样品产生的特征 X 射线荧光来分析样品中元素种类和含量的技术，其元素分析的灵敏度可达到 ppb 级（十亿分之一），空间分辨率可达到微米至亚微米量级，结合微束二维扫描和断层扫描的实验方法可以实现样品内元素的 2D 分布图和 3D 重构图[165]。微束 X 射线衍射（μ-XRD）是在实空间分析物质的微纳米尺度结构，得到样品微区的结构及不均匀样品结构的分布信息[166]。由于添加的变质元素常常是 ppm 级别，且变质元素及其组成相在组织中的分布是极其不均匀的，因此同步辐射硬 X 射线微束分析技术使研究者在样品的微区中来分析变质元素的含量、物相结构及其二维分布成为可能。

Manickaraj[167]首次利用微束 X 射线荧光分析（μ-XRF）和微束 X 射线衍射（μ-XRD）技术研究了 Al-7Si-0.05Fe-0.03Sr 合金中 Sr 元素的分布和相组成，

通过在 Si 元素的微束 X 射线荧光面分布（μ-XRF mapping）上进行微束 X 射线衍射（μ-XRD）实验，发现在共晶区域中并没有 Sr 单质的存在，而 Sr 元素主要以 Al_2Si_2Sr 相的形式不均匀地分布在共晶铝和共晶硅的界面上，这就证明了 Sr 元素在变质合金中不能形成 Sr 单质，只能以 Al_2Si_2Sr 相或者原子的形式存在。

1.8　本书主要研究思路

跟传统的硅相变质剂相比，稀土元素变质持续时间长、重熔性好、对环境无污染，而且还具有除气除渣的作用，因此稀土元素对硅的变质行为和变质机理一直是国内外研究者关注的焦点。据研究，众多稀土元素中只有 Eu 元素可以将共晶硅变质成为纤维状，这与 Sr 和 Na 元素对共晶硅的变质行为十分相似。在共晶硅形核方面，亚共晶 Al-Si 合金中通常含有的杂质 P 元素，它与铝熔体反应生成的 AlP 颗粒作为硅的异质形核质点，粗化了共晶硅。Sr 和 Na 元素据报道可以对 AlP 颗粒产生包裹或者消耗作用，降低共晶团的形核率，然而稀土 Eu 元素对 AlP 颗粒是否有包裹或消耗作用尚不清楚。在共晶硅生长方面，Sr 和 Na 元素还可以吸附在共晶硅上来毒化孪晶凹槽（TPRE）和诱发产生孪晶（IIT），而稀土 Eu 元素对共晶硅生长的影响机制是否与 Sr 和 Na 元素相同也尚不清楚。因此研究 Eu 与 P 在亚共晶 Al-Si 合金中的交互作用机制以及 Eu 元素变质后共晶硅的生长机制具有重要的理论意义。此外，添加稀土 Eu 元素对亚共晶 Al-Si 合金性能的影响规律尚未有人研究，因此研究和揭示 Eu 元素变质后材料组织和性能之间的联系，对亚共晶 Al-Si 合金性能改善和扩大稀土元素在合金中的应用具有重要的意义。

众所周知，Sr 和 Na 元素对共晶硅的变质作用很强，同时可以使初生硅球化，然而其球化机制尚不清楚。而 Eu 对初生硅的变质作用是否存在与 Sr、

Na 元素类似的现象及 Eu 元素对初生硅的变质机制值得深入研究。此外，亚共晶 Al-Si 合金中使共晶硅粗化的杂质 P 元素，在过共晶 Al-Si 合金中形成的 AlP 颗粒却对初生硅有很强的细化作用，但是过共晶 Al-Si 合金中共晶硅形貌仍然为板片状。为了使过共晶 Al-Si 合金中的初生硅和共晶硅实现双重变质效果，需要加入对共晶硅变质作用很强的 Sr 或者 Na 元素，然而 Sr 和 Na 元素对 AlP 颗粒的消耗作用，又极大地削弱了初生硅的细化效果。因此研究和探索 Eu 和 P 复合变质对过共晶 Al-Si 合金中硅相的影响规律，以期达到初生硅和共晶硅的双重变质，提高过共晶 Al-Si 合金的力学性能，这对扩大稀土元素在过共晶铝硅合金领域的应用具有重要的意义。

除了 Al-Si 合金之外，近年来在耐磨、钎料和热镀等多个领域有着很大应用潜力的 Al-Zn-Si 合金中的粗大硅相通常也需要进行变质处理来提高合金的力学性能。因此，深入研究 Eu 元素对含微量杂质 P 的工业 Al-Zn-Si 合金中硅相的变质行为和变质机理，不仅可以挖掘稀土元素在 Al-Zn-Si 合金中的应用潜力，而且对于验证和丰富现有的变质机制也具有重大的理论价值。此外，随着同步辐射技术的发展，使研究者实时观察合金的凝固过程成为可能。因此本研究将尝试引入同步辐射实时成像技术来研究 Eu 元素对 Al-Zn-Si 合金凝固过程的影响。而作为构成 Al-Zn-Si 合金的主要元素 Zn 和 Al，其密度和原子序数相差较大，能够产生较大的吸收衬度，因此非常适合同步辐射实时成像实验。

基于上述研究思路，本书确定了以下主要研究内容：

（1）研究 Eu 和 P 元素在高纯 Al-7Si 合金中的交互作用，揭示 Eu 元素对 AlP 颗粒的包裹或消耗机制。研究 Eu 元素变质前后其共晶硅的生长机制，阐明 Eu 元素对共晶硅的变质机理。研究 Eu 元素对工业 Al-7Si-0.3Mg 合金组织和性能的影响，分析微观组织和性能之间的关系。

（2）研究 Eu 元素对高纯 Al-16Si 合金中初生硅的变质规律，分析 Eu 元素对其初生硅的变质机理。研究 Eu 和 P 复合变质对工业 Al-16Si 合金中硅相的变质规律，揭示复合变质机理。在此基础上，研究复合变质对其合金抗拉强度和耐磨性能的影响。

（3）研究 Eu 对工业 Al-40Zn-5Si 合金中组织和性能的影响，并借助同步辐射实时成像技术来研究变质前后其凝固过程。研究 Eu 元素对工业 Al-40Zn-5Si 合金中硅相的变质机理，验证和丰富现有的变质理论。

第 2 章

实验方法

2.1　研究技术路线

本书选用 Al-7Si 合金、Al-16Si 合金和 Al-40Zn-5Si 合金中的硅相为研究对象，利用金相显微镜、凝固曲线分析、透射电镜、电子探针、扫描电镜、同步辐射硬 X 射线微束分析和同步辐射实时成像等来研究铕元素对硅相的变质行为和变质机制，其研究路线如图 2.1 所示。

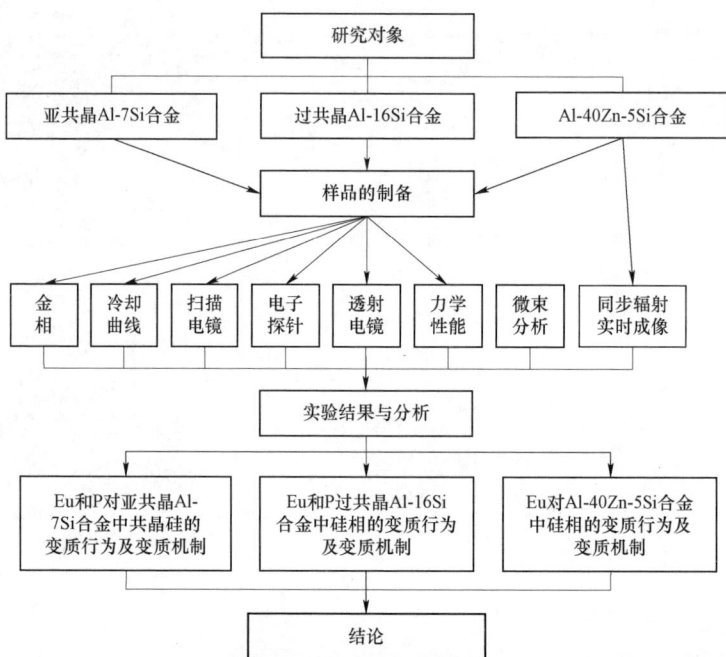

图 2.1　研究的技术路线

2.2 实验材料及设备

2.2.1 实验材料

实验材料主要包括工业纯铝、高纯铝、工业纯硅、高纯硅、高纯锌、高纯镁、铝铕中间合金、铝磷中间合金以及高纯氩气，其纯度、状态和生产厂家如表 2.1 所示。

表 2.1 实验用材料一览表

原材料	简称	纯度（wt.%）	状态	生产厂家
工业纯硅	CPSi	＞99.95	块状	大连鑫龙铸造工业有限公司
工业纯铝	CPAl	＞99.7	铸锭	大连鑫龙铸造工业有限公司
高纯硅	HPSi	99.999	块状	灵寿县佳祺矿产品加工厂
高纯铝	HPAl	99.999	块状	北京翠铂林有色金属技术开发中心
高纯镁	HPMg	99.999	片状	中诺新材（北京）科技有限公司
高纯锌	HPZn	99.99	铸锭	大连鑫龙铸造工业有限公司
铝铕合金	Al-6Eu	5.5～6.5Eu	块状	惠州市铂冠真空应用材料有限公司
铝磷合金	Al-5P	5.0～5.5P	铸锭	山东吕美熔体技术有限公司
高纯氩气	Ar	≥99.999	气态	大连光明特种气体有限公司

2.2.2 实验设备

制备 Al-Si 合金及 Al-Zn-Si 合金的设备主要包括：兴化市征飞电炉厂生产的采用 K 型铠装热电偶控温的 SG-5-10 型井式电阻炉，用于合金熔炼；厦门宇电自动化科技有限公司生产的 AI-708P 型可控硅控温柜，用于控制电阻炉的温度，测温精度为±1 ℃；自制的额定功率为 300 W 的配有变频器的机械搅拌器，用于熔体的搅拌；南宁市恒佳科工贸有限责任公司生产的 ALP370 固定式除气设备，通入氩气用于除去熔体中的氢气和夹渣；大连渤海坩埚厂生产的碳化硅坩埚和东成实验器材有限公司生产的氧化铝坩埚，用于电阻炉中合金的熔炼。

同步辐射实时成像实验所使用的设备主要包括：自制的小型电阻炉，炉体前后开有两个方形的通光孔，用于实时成像实验的样品的熔化和凝固；厦门宇电自动化科技有限公司生产的 AI-708P 型可控硅控温柜，用于控制自制电阻炉的温度，尤其是控制样品凝固时的冷却速度，测温精度为±1 ℃。

2.3　合金的制备

2.3.1　高纯 Al-7Si-（P）合金的制备

为了研究铕元素与磷元素在亚共晶铝硅合金中的交互作用，首先使用电阻炉在 750 ℃的温度下熔炼高纯铝，待高纯铝熔化之后加入高纯 Si 并保温 30 min，随后根据需要向熔体中添加不同含量的 Al-5P 合金，保温 30 min 后浇注来制备高纯 Al-7Si-（P）中间合金，浇注前对熔体施加 2 min 的机械搅拌来确保 P 元素分布均匀。为了研究铕元素对高纯 Al-7Si-（P）合金中硅相的变质行为，将高纯 Al-7Si-（P）合金在 750 ℃重熔，待合金熔化后，加入不同含量的 Al-6Eu 中间合金，保温 15 min 后浇注。

2.3.2　工业 Al-7Si-0.3Mg 合金的制备

为了研究铕元素对工业 Al-7Si-0.3Mg 合金组织和性能的影响，先将工业纯铝放入 750 ℃的井式电阻炉中，待其熔化后，加入适量的工业纯硅并保温 30 min。待硅完全溶解后，利用压勺加入高纯镁后静置 10 min，然后再加入不同含量的 Al-6Eu 中间合金并保温 10 min，之后利用旋转喷吹高纯氩气的方法对熔体处理 5 min 后,将 710 ℃ 的熔体浇注到一个预热至 200 ℃ 的长方体铜模中(92 mm×90 mm×30 mm)。用线切割沿着样品的纵向对称面切开,对其中的一半样品进行 T6 热处理(540 ℃ 固溶处理 12 h,淬水后在 155 ℃ 下保温 8 h,然后空冷至室温)来观察热处理前后合金组织的变化。

2.3.3　高纯 Al-16Si 合金的制备

为了研究铕元素对高纯 Al-16Si 合金中硅相的变质行为,首先使用电阻炉在 750 ℃ 的温度下熔炼高纯铝,待高纯铝熔化,加入高纯硅颗粒并保温 30 min。然后再加入不同含量的 Al-6Eu 中间合金,保温 15 min 后将 720 ℃ 的熔体浇入一个预热至 200 ℃ 的不锈钢模具(Φ30×70 mm)中冷却凝固。

2.3.4　工业 Al-16Si-(P)合金的制备

为了研究铕元素和磷元素复合变质对工业 Al-16Si 合金组织和性能的影响,首先使用电阻炉在 750 ℃ 的温度下熔炼工业纯铝,熔化后加入工业纯硅并保温 30 min。随后向熔体中添加不同含量的 Al-5P 合金,保温 30 min 并施加 2 min 的机械搅拌后浇注来制备工业 Al-16Si-(P)中间合金。将最佳含磷量的 Al-16Si-(P)中间合金在 750 ℃ 重熔,待合金熔化后,加入不同含量的 Al-6Eu 中间合金,保温 15 min 后将 720 ℃ 的熔体浇入一个预热至 200 ℃ 的不锈钢模具(Φ30×70 mm)中冷却凝固。

2.3.5　工业 Al-40Zn-5Si 合金的制备

为了研究铕元素对工业 Al-40Zn-5Si 合金组织和性能的影响,首先使用电阻炉在 750 ℃ 的温度下熔炼一定百分比的工业纯铝和工业纯硅,熔化并保温 30 min 之后,加入预热到 200 ℃ 的锌块。待熔体温度回升至 750 ℃ 后,添加不同含量的 Al-6Eu 中间合金并保温 15 min,为了消除比重偏析,浇注前需对熔体施加 2 min 的机械搅拌。将 660 ℃ 的熔体浇入一个预热至 200 ℃ 的不锈钢模具(Φ30×70 mm)中冷却凝固。

2.4　材料结构表征

2.4.1　液淬实验及热分析

　　为了观察不同成分的 Al-7Si 合金中共晶硅的形核，需要对不同合金进行液淬实验，其实验装置如图 2.2 所示，包括铁架台、热电偶、隔热垫、水槽、日本图技 GL220 型无纸记录仪和两个锥形不锈钢坩埚（底部直径 24 mm，顶部直径 34 mm，高 33 mm）。首先将 750 ℃熔体同时倒入两个预热到和熔体同等温度的锥形不锈钢坩埚中，在距离左边坩埚的底部 20 mm 处插入 K 型热电偶，以便可以用无纸记录仪实时记录左边坩埚中熔体温度的变化，当观察到熔体温度开始升高时，计时 60 s 后将右边锥形不锈钢坩埚放进水槽中进行液淬，得到 Al-7Si 合金共晶反应时合金的液淬组织。

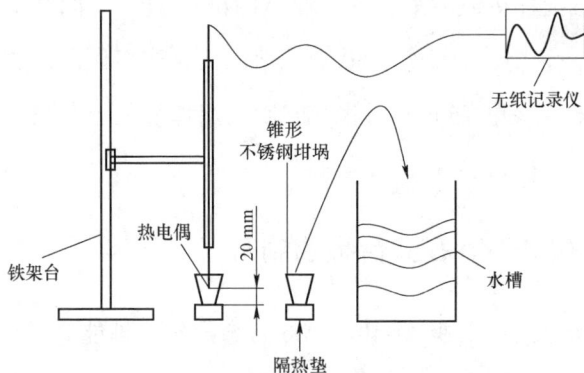

图 2.2　液淬实验示意图

　　图 2.3 是通过 origin8.0 软件绘制的高纯 Al-7Si 合金的冷却曲线，冷却速度约为 1.6 ℃/s，通过对冷却曲线进行微分处理可以得到共晶反应的特征温度。其中定义 T_N 为共晶形核温度，它是由于共晶硅形核和开始长大时释

放的潜热导致冷却曲线斜率变化所致，它是二次导数曲线从零线上突然增大时对应的温度；T_{Min} 为共晶最低温度，它是由于共晶反应释放的潜热与系统散热达到了平衡，这取决于冷却速度和系统的热容，它是二次导数曲线顶点对应的温度；在此之后，潜热的释放超过了系统散热，导致了冷却曲线上温度的升高；T_G 为稳定生长温度，它是由于共晶反应释放的潜热与系统散热再次达到了平衡所致，它是二次导数曲线降低之后再次上升与零线交点所对应的温度。而共晶反应的再辉温度（Recalescence）可以用（T_G-T_{Min}）来表示。

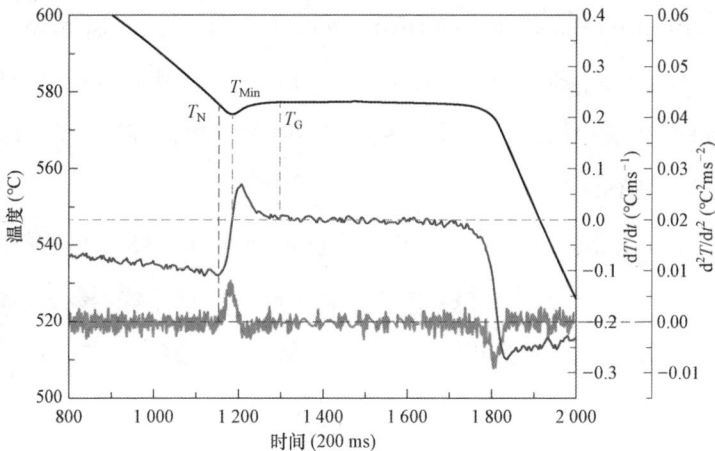

图 2.3　Al-7Si 合金的冷却曲线、一阶导数曲线和二阶导数曲线

2.4.2　成分测定

铸件取样后，依次采用 200#、400#和 1000#砂纸对样品进行打磨，然后采用日本岛津公司生产的 XRF-1800 型 X 射线荧光光谱仪（X-ray Fluorescence Spectrometer，XRF）和美国 Perkin Elmer 公司生产的 Optima 2000 DV 型电感耦合等离子体发射光谱仪（Inductive Coupled Plasma Emission Spectrometer ICP）来测定样品的成分。

2.4.3 组织分析

用 60 mL 水、10 g 氢氧化钠和 5 g 铁氰化钾配制的腐蚀液淬样品 30 s 来观察其宏观组织，用5%HF 溶液对样品腐蚀15 s 来观察其微观组织，用15%HCl 溶液对样品进行深腐蚀 60 min 来观察硅相的三维形貌。采用奥地利莱卡 MEF-3 型光学显微镜（Optical Microscope，OM）来观察样品的宏观组织和微观组织并拍照；用日本岛津公司生产的EPMA-1600型电子探针（Electron Probe Microanalysis，EPMA）对样品进行元素分布定性分析和微区成分定量检测；用装备能量色散 X 射线谱（Energy Dispersive Spectrometer，EDS）和电子背散射衍射（Electron Backscattered Diffraction，EBSD）的 Zeiss supra 55 扫描电子显微镜（Scanning Electron Microscope，SEM）对样品的微观组织和硅相的三维形貌进行观察和拍照。此外，为了观察共晶硅的晶粒取向，对振动抛光后的样品进行 EBSD 分析。

为了统计硅颗粒的尺寸信息，选取不同视野的 10 张 500 倍金相照片，用 Image Pro Plus（IPP）软件对微观组织中初生硅的体积分数、数量、平均尺寸和圆度，共晶硅的平均面积和纵横比进行了计算，计算公式如下：

$$体积分数 = \frac{1}{m}\sum_{j=1}^{m}\frac{\left(\sum_{i=1}^{n}A_{pi}\right)_j}{A_j} \tag{2.1}$$

$$数量 = \frac{1}{m}\sum_{j=1}^{m}(n)_j \tag{2.2}$$

$$平均尺寸 = \frac{1}{m}\sum_{j=1}^{m}\left(\frac{1}{n}\sum_{i=1}^{n}D_i\right)_j \tag{2.3}$$

$$圆度 = \frac{1}{m}\sum_{j=1}^{m}\left(\frac{1}{n}\sum_{i=1}^{n}\frac{P_i^2}{4\pi A_{pi}}\right)_j \tag{2.4}$$

$$平均面积 = \frac{1}{m}\sum_{j=1}^{m}\left(\frac{1}{n}\sum_{i=1}^{n}A_{ei}\right)_j \tag{2.5}$$

$$纵横比 = \frac{1}{m}\sum_{j=1}^{m}\left(\frac{1}{n}\sum_{i=1}^{n}\frac{L_l}{L_s}\right)_j \tag{2.6}$$

其中，m 是统计视野的个数，n 是一个视野中硅颗粒的数量，A_{pi} 是一个初生硅颗粒的面积，A_j 是一个视野的总面积，D_i 是通过初生硅颗粒的几何中心的平均直径长度，P_i 是初生硅颗粒的周长，A_{pi} 是一个共晶硅颗粒的面积，L_l 是共晶硅颗粒的最大直径长度，L_s 是与最大直径垂直的直径长度。

2.4.4　透射电镜分析

采用 JEM-2100F 型透射电子显微镜（Transmission electron microscopy，TEM）对合金中硅的微观结构进行分析，透射样品采用线切割在合金上切取 0.5 mm 厚的薄片，在磨样机上用砂纸对样品进行打磨使其厚度在 30 μm 左右，然后用冲孔机将其冲成直径为 3 mm 的圆片，采用 Gatan PIPS 695 型离子减薄仪对圆片继续减薄。采用 FEI Titan G2 60-300 球差校正型透射电子显微镜对共晶硅和球状硅中的锶元素分布进行高角环形暗场像（High-angle Annular Dark Field，HAADF）分析，仪器电压范围为 60～300 kV，空间分辨率最高 80 pm，透射样品采用聚焦离子束（Focused Ion Beam，FIB）在球状硅上切取厚度为 50 nm 左右的薄片。

2.4.5　同步辐射实时成像

同步辐射实时成像实验在上海第三代同步辐射光源（SSRF）的 BL13W1 线站进行。成像样品用线切割从铸锭上切取 0.5 mm 厚的薄片（25×12 mm^2），经打磨之后，使其最终厚度在 100 μm 左右。成像实验时样品放置在有孔洞的云母片中来形成一个封闭的合金熔池，然后在云母片两端各放置一片陶瓷片，形成"三明治"的结构，使用自制的电阻炉在 660 ℃的温度下将样品熔化，并保温 30 min。然后停止加热，让样品随炉冷却或者以某一冷却速度冷却，其示意图如图 2.4 所示。选用的 X 射线能量为 25 keV，高速 CCD 数据采集系统距离样品的距离为 60 cm，可以采集到的视野大小是 6.7×4.7 mm^2，曝光时间为 1 s，图像空间分辨率为 3.25 μm。

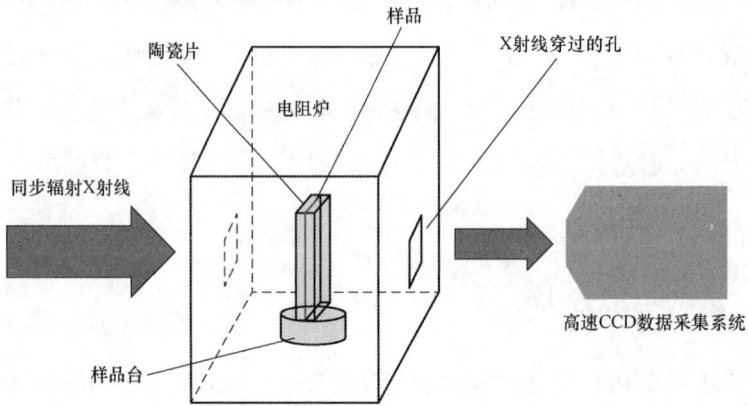

图 2.4　同步辐射实时成像示意图

2.4.6　同步辐射硬 X 射线微束分析

同步辐射微区荧光（μ-XRF）和同步辐射微区衍射（μ-XRD）实验在上海第三代同步辐射光源（SSRF）的 BL15U 线站进行。微束样品用线切割从铸锭上切取 0.5 mm 厚的薄片，经打磨和抛光后，使其最终厚度在 50 μm 左右。

同步辐射微区荧光（μ-XRF）实验的目的是分辨样品中铈元素的浓度分布，为同步辐射微区衍射（μ-XRD）实验提供选点和定位功能。其中光斑尺寸为 $3 \times 2.5 \ \mu m^2$，X 射线能量为 18 keV，波长是 0.688 nm，样品台重复位移的精度小于 0.2 μm，保证了定位的准备性。使用硅漂移荧光探测器来采集元素的荧光信号，进一步获得元素的微区荧光面分布（μ-XRF Mapping），在每一个方向上的步长为 3 μm，每步积分时间 1 s。

同步辐射微区衍射（μ-XRD）实验用于研究不同铈元素浓度处的物相结构。根据铈元素的微区荧光面分布选取不同铈浓度处的微区，同轴旋转样品 −45°～45°，并保持光斑打在同一个微区，用 Mar165 CCD 探测器对这些微区进行 XRD 数据采集。为了校正衍射参数，采集了 Ce_2O 标样的衍射数据，用 Fit2D 软件处理标样和微区 XRD 数据。

2.5　材料性能测试

2.5.1　拉伸性能测试

拉伸试样按照国标 GB/T 228—2010 标准加工，其尺寸如图 2.5 所示。合金的力学性能测试在 DNS100 型万能试验机上进行，拉伸速率为 1 mm/min。为了提高准确性，分别测试同种样品的三个样品的抗拉强度（Ultimate Tensile Strength，UTS）和延伸率（Elongation，EI），取其平均值作为拉伸实验的结果。

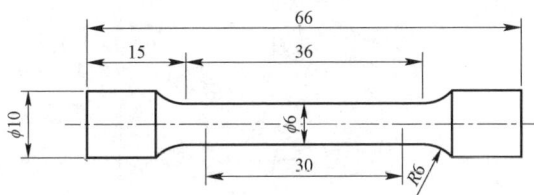

图 2.5　棒状拉伸试样

2.5.2　耐磨性能测试

摩擦磨损实验在济南益华摩擦学测试有限公司生产的 MMW-1A 微机控制万能摩擦磨损机，摩擦副类型采用销盘式。销状试样由合金制备而成，其尺寸如图 2.6 所示。对偶件小试环由 45 钢加工而成并进行淬火和防锈处理，直径为 31.7 mm，高 10 mm。

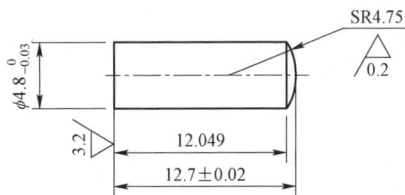

图 2.6　磨损试样尺寸

图 2.7 为销盘式摩擦磨损实验的原理图，摩擦条件为室温干摩擦，转速为 100 r/min，施加的载荷为 18 N，对应的接触应力为 1 MPa，磨损时间为 60 min。为了提高准确性，同种样品进行三次摩擦磨损实验。采用德国赛多利斯 ME215P 型十万分之一电子天平对实验前销状试样的密度、实验前后销状试样的质量进行测量称重，并计算试样的磨损率：

$$w = \frac{m_0 - m}{\rho L} \qquad (2.7)$$

其中，w 是试样在单位距离上的体积磨损率；m_0 是磨损前试样的质量；m 是磨损后试样的质量；ρ 是磨损前试样的密度；L 是试样的磨损距离。

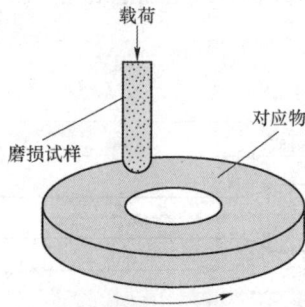

图 2.7　销盘式磨损实验示意图

第3章

Eu 和 P 对亚共晶 Al-7Si 合金凝固过程中共晶硅的变质

3.1 引　言

稀土元素中只有 Eu 元素可以将共晶硅由板片状变质为纤维状，其变质行为与 Sr 和 Na 元素存在某种相似性[13,65]。那么 Eu 是否与 Sr 和 Na 一样存在与 P 元素的交互作用来影响共晶硅的形核[15-18,79]，或者通过自身的吸附作用来影响共晶硅的生长[11,12,79]值得深入研究。鉴于有关 Eu 与 P 在亚共晶铝硅合金中的交互作用、Eu 对共晶硅生长的影响和 Eu 对亚共晶铝硅合金性能影响的研究还未见报道的事实，本章首先研究 Eu 与 P 在高纯 Al-7Si 合金中的交互作用机制，研究变质前后共晶硅的生长机制，阐述清楚 Eu 对共晶硅的变质机制。然后还要考察 Eu 对工业 Al-7Si-0.3Mg 合金组织和性能的影响。

3.2　Eu 和 P 在高纯 Al-7Si 合金中的交互作用

变质抑制形核机制主要基于许多变质元素通过包裹或消耗共晶硅的形核质点进而降低了共晶硅的形核率的事实提出的。P 作为杂质元素常常存在于 Al-Si 合金中，P 和铝熔体反应生成的 AlP 颗粒与 Si 的晶体结构相似，晶格常数接近，因此 AlP 可以作为 Si 的异质形核质点，细化共晶团，但却粗化共晶硅。最近研究表明，很多变质元素可以与 P 反应生成二元磷化物（Na_3P、Ca_3P_2、Sr_3P_2 和 ScP）或者形成先共晶相（Al_2Si_2Sr、Al_2Si_2Ca 和 Al_2Si_2Y）包裹住 AlP 颗粒，进而降低了共晶团的形核率。然而 Eu 元素是否能够与 P 反应或者形成金属间化合物来包裹亚共晶铝硅合金中的 AlP 颗粒尚不清楚，因此本节将系统研究 Eu 和 P 在高纯 Al-7Si 合金中的交互作用，阐明 Eu 元素对共晶硅的变质机制。

本实验选用三组含 P 量不同的高纯 Al-7Si 合金，通过加入不同含量的 Eu 元素来观察其对合金的液淬宏观组织和微观组织的影响，液淬之前样品的冷却速度约为 1.6 ℃/s。其中 A 组合金是用 5NAl（99.999%）和 5NSi（99.999%）制备的高纯 Al-7Si 合金，5NAl 和 5NSi 的出厂成分如表 3.1 和表 3.2 所示；B 组和 C 组合金是在 A 组合金的基础上通过添加 P 元素制备的 Al-7Si 合金，由于 P 的精确取样和分析存在较大误差，通常按加入量进行控制，其名义成分如表 3.3 所示。

表 3.1　5N 硅化学成分

元素名称	B	P	Ge	Au	F	Si
含量/ppm	1.4	<1	0.86	<0.1	<1	Bal

表 3.2　5N 铝化学成分

元素名称	Si	Fe	Mg	Cu	Zn	Mn	Ti	Ni	Al
含量/ppm	2	2	1	1.5	0.5	0.15	0.09	0.05	Bal

表 3.3　Al–7Si 合金的名义成分

样品	Si（wt.%）	Eu/ppm	P/ppm	Al
A1	7	0	—	剩余
A2	7	200	—	剩余
A3	7	400	—	剩余
A4	7	600	—	剩余
A5	7	1 000	—	剩余

续表

样品	Si（wt.%）	Eu/ppm	P/ppm	Al
A6	7	1200	—	剩余
B1	7	0	5	剩余
B2	7	200	5	剩余
B3	7	400	5	剩余
B4	7	600	5	剩余
B5	7	900	5	剩余
B6	7	1 200	5	剩余
C1	7	0	30	剩余
C2	7	200	30	剩余
C3	7	600	30	剩余
C4	7	1 200	30	剩余
C5	7	1 600	30	剩余
C6	7	2 000	30	剩余

3.2.1　液淬宏观组织

图 3.1 为不同 Eu 和 P 含量的 Al-7Si 合金的液淬宏观组织，黑色的区域是正在生长的共晶团，而浅灰色的区域对应的是液淬之前的熔体。由图 3.1（a-f）可以看出，A 组未变质的高纯 Al-7Si 合金中有少量均匀分布的共晶团，这是由于合金中 P 的含量较少。随着 Eu 含量的增加，高纯 Al-7Si 合金中共晶团的数量没有发生太大的变化。而在含 5 ppm P 和 30 ppm P 的未变质 Al-7Si 合金中共晶团的数目明显增加，尺寸更小，尤其是在含 30 ppm P 合金的宏观组织中共晶团已经无法通过肉眼识别出来，如图 3.1（g）和图 3.1（m）所示。但是在 B 组和 C 组合金中随着 Eu 含量的增加，共晶团的数量开始发生减少，尺寸开始增大，如图 3.1（g-l）和图 3.1（m-r）所示。为了得到类似 A 组合金的宏观组织，需要在含 5 ppm P 和 30 ppm P 的合金中分别加入 1200 ppm Eu

和 2000 ppm Eu，更多的 Eu 的添加说明 Eu 元素和 P 元素的作用是相互抵消的，Eu 元素可能消耗了熔体中的 AlP 颗粒。

图 3.1　Eu 和 P 含量对高纯 Al-7Si 合金的宏观组织的影响：
（a-f）合金 A1～A6，（g-l）合金 B1～B6，（m-r）合金 C1～C6

3.2.2　液淬微观组织

图 3.2 是不同 P 含量的未变质高纯 Al-7Si 合金的冷却曲线、共晶硅二维和三维形貌。可以看出，随着 P 含量的增加，冷却曲线中共晶反应平台升高。图 3.2（a）表明未变质高纯 Al-7Si 合金中共晶团近似圆形，尺寸较大，其界面（图中黑色虚线）是光滑的。高倍金相照片显示其由短小、间距紧密的板片状共晶硅组成，如图 3.2（d）和图 3.2（g）所示。随着 P 含量的增加，共晶团数量增加，尺寸减小，如图 3.2（b）和图 3.2（c）所示。但共晶间距却增大，共晶硅也由细小的板片状变为粗大的板片状，如图 3.2（e）和图 3.2（h）所示。尤其是在含 30 ppm P 的合金中，常常可以在共晶团中发现一个内含黑色

颗粒的多边形状的硅，粗大板片状的共晶硅在其表面形核并向四周辐射长大，如图 3.2（f）和（i）所示。Ludwig[77]的实验结果也证明了 P 对共晶硅的粗化，这是由于 P 元素的加入降低了共晶团界面平均生长速率[77,78,81,168]。而共晶硅的尺寸对亚共晶 Al-Si 合金的断裂有着重要的影响，这种粗大共晶硅的断裂分数随着应力的增加迅速增加[66]，抵消了共晶团的细化效果。

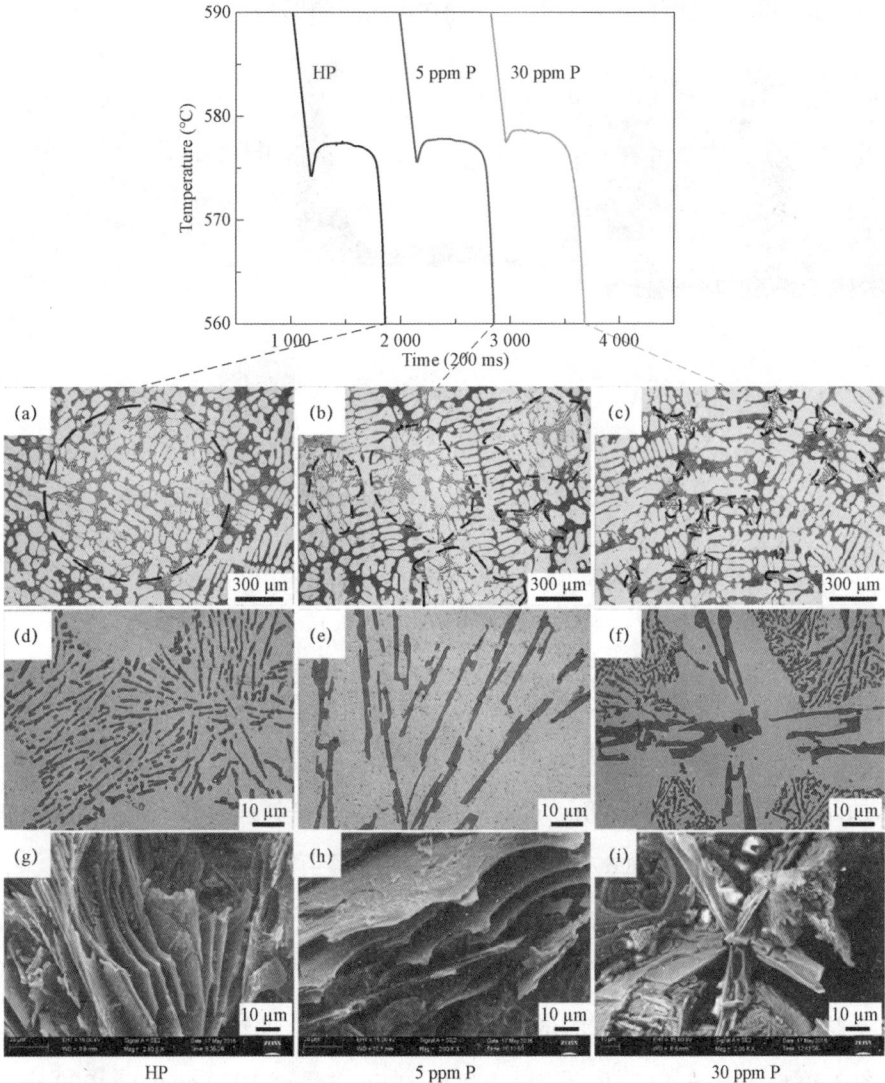

图 3.2　P 含量对未变质高纯 Al-7Si 合金冷却曲线和共晶硅形貌的影响

（a，d 和 g）合金 A1（b，e 和 h）合金 B1（c，f 和 i）合金 C1

图 3.3 所示为 Al-7Si-30 ppm P 合金中内部含黑色颗粒的多边形硅的 EDX 线分析。结果表明，黑色颗粒中 Al、P 和 O 元素的含量相对较高。Nogita[14] 通过聚焦离子束（FIB）的方法制备了黑色颗粒的透射样品，发现它实际上就是 AlP 颗粒，而 O 元素的存在是由于 AlP 颗粒在样品制备过程中发生了氧化所致。这就证明了加入的 P 元素与 Al 熔体反应可以形成 AlP 颗粒，AlP 颗粒作为共晶硅的异质形核质点，提高了 Al-Si 共晶团的形核率。

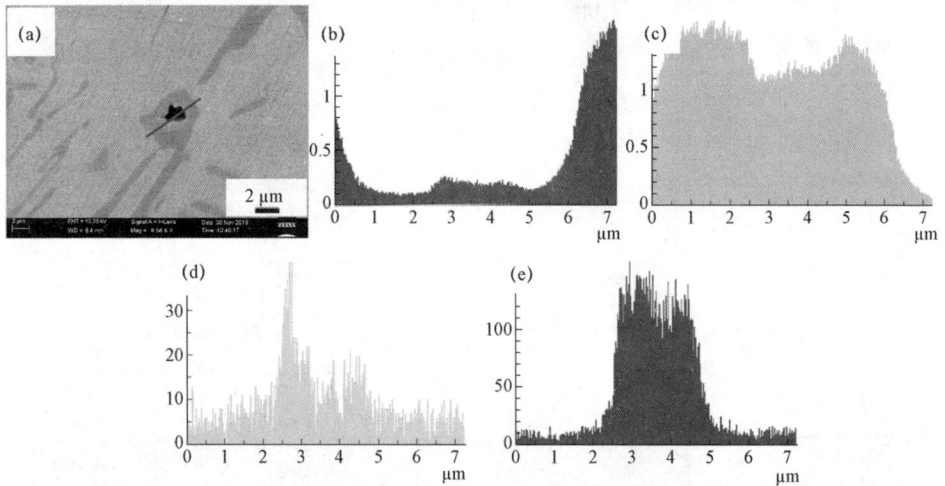

图 3.3　Al-7Si-30 ppm P 合金中内部含黑色颗粒的多边形硅的 EDX 线分析
（a）SEM 图片（b）Al（c）Si（d）P（e）O

图 3.4 是不同 Eu 含量变质的 Al-7Si 合金的冷却曲线、共晶硅二维和三维形貌。可以发现 Eu 元素的加入对共晶团的数量及尺寸影响不大，如图 3.4（a～c）所示。当加入 200 ppm Eu 后，共晶反应平台下降，共晶硅大部分仍然为细小的板片状，如图 3.4（d）和图 3.4（g）所示；当加入 400 ppm Eu 后，共晶反应平台进一步下降，尽管大部分共晶硅转变为纤维状，但是板片状的共晶硅依然存在，如图 3.4（e）和图 3.4（h）所示。当 Eu 含量为 600 ppm，共晶反应平台开始随着 Eu 含量的增加而升高，共晶硅全部转变为细小的纤维状，如图 3.4（f）和图 3.4（i）所示。进一步增加 Eu 含量至 1000 ppm 和 1200 ppm，无过变质现象的出现。

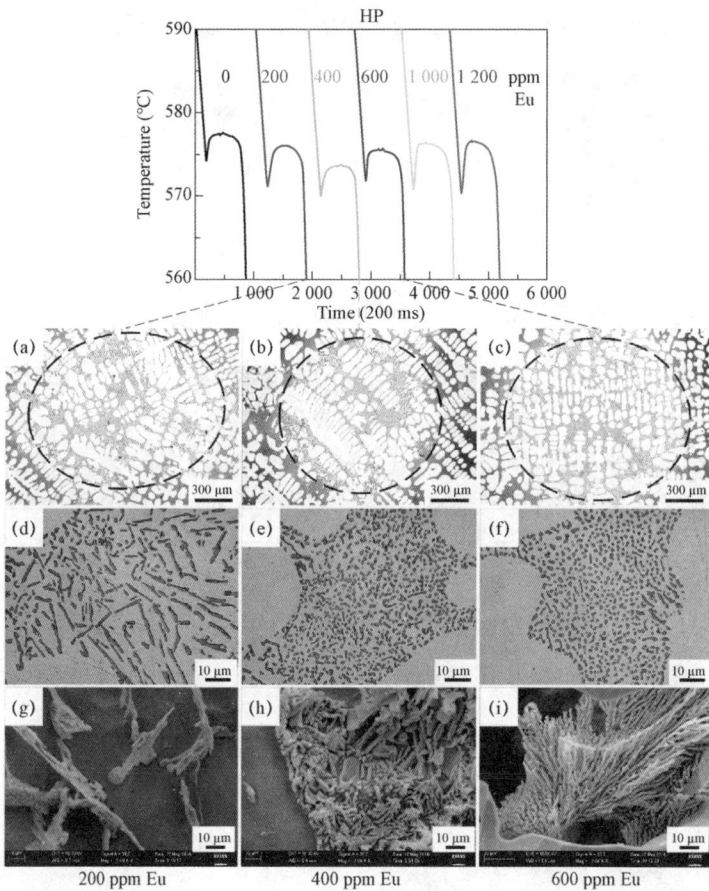

图 3.4　Eu 含量对高纯 Al-7Si 合金冷却曲线和共晶硅形貌的影响

（a，d 和 g）合金 A2（b，e 和 h）合金 A3（c，f 和 i）合金 A4

　　图 3.5　是不同 Eu 含量变质的 Al-7Si-5 ppm P 合金的冷却曲线、共晶硅二维和三维形貌。可以看出随着 Eu 含量的增加，共晶团的数量减小，尺寸增大，如图 3.5（a~c）所示。当加入 400 ppm Eu 时，共晶反应平台下降，共晶硅仍然为板片状，如图 3.5（d）和图 3.5（g）所示；当加入 600 ppm Eu 时，共晶反应平台继续下降，共晶硅为纤维状和板片状的混合，如图 3.5（e）和图 3.5（h）所示；为了使含 5 ppm P 合金中的共晶硅达到完全变质，需要加入 900 ppm 的 Eu，此时共晶反应平台开始上升，如图 3.5（f）和图 3.5（i）所示。进一步增加 Eu 含量至 1200 ppm，无过变质现象的出现。

53

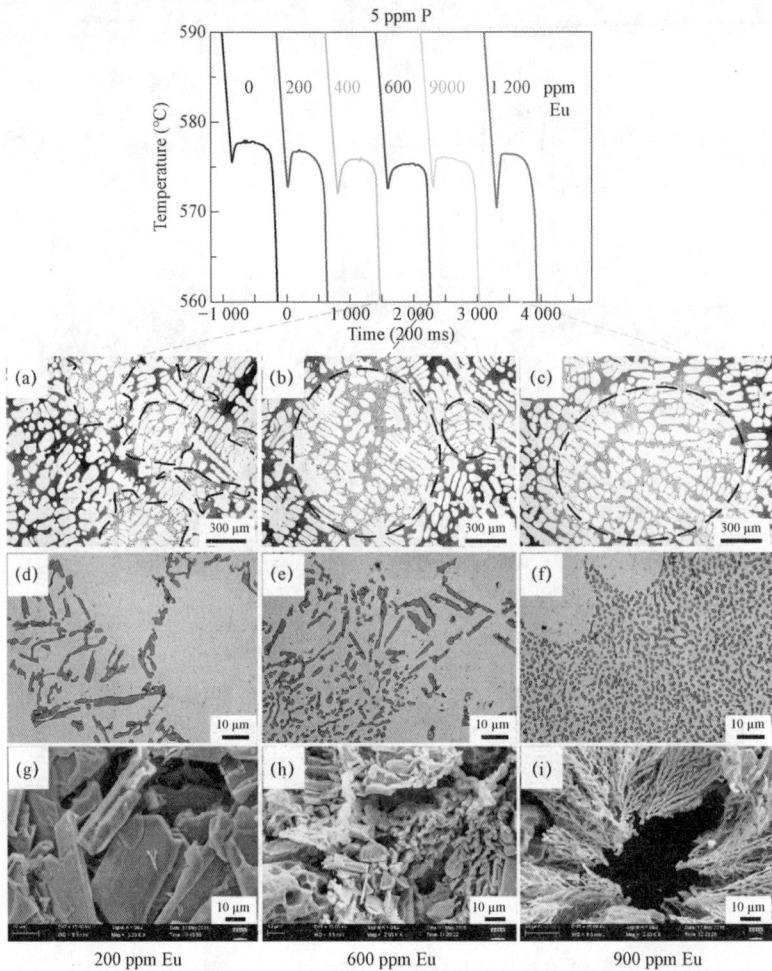

图 3.5　Eu 含量对 Al-7Si-5 ppm P 合金冷却曲线和共晶硅形貌的影响

（a，d 和 g）合金 B3（b，e 和 h）合金 B4（c，f 和 i）合金 B5

　　图 3.6　是不同 Eu 含量变质的 Al-7Si-30 ppm P 合金的冷却曲线、共晶硅二维和三维形貌。图 3.6（a-c）显示随着 Eu 含量的增加，共晶团的数量和尺寸大小的变化规律与图 3.5 类似。为了使含 30 ppm P 的合金中的共晶硅完全转变为纤维状，需要加入 Eu 的含量 1200 ppm，此时共晶反应平台开始升高。继续增加 Eu 含量至 2000 ppm，没有出现过变质现象，但是组织中出现了较多粗大的 Al_2Si_2Eu 相，如图 3.6（d-i）所示。

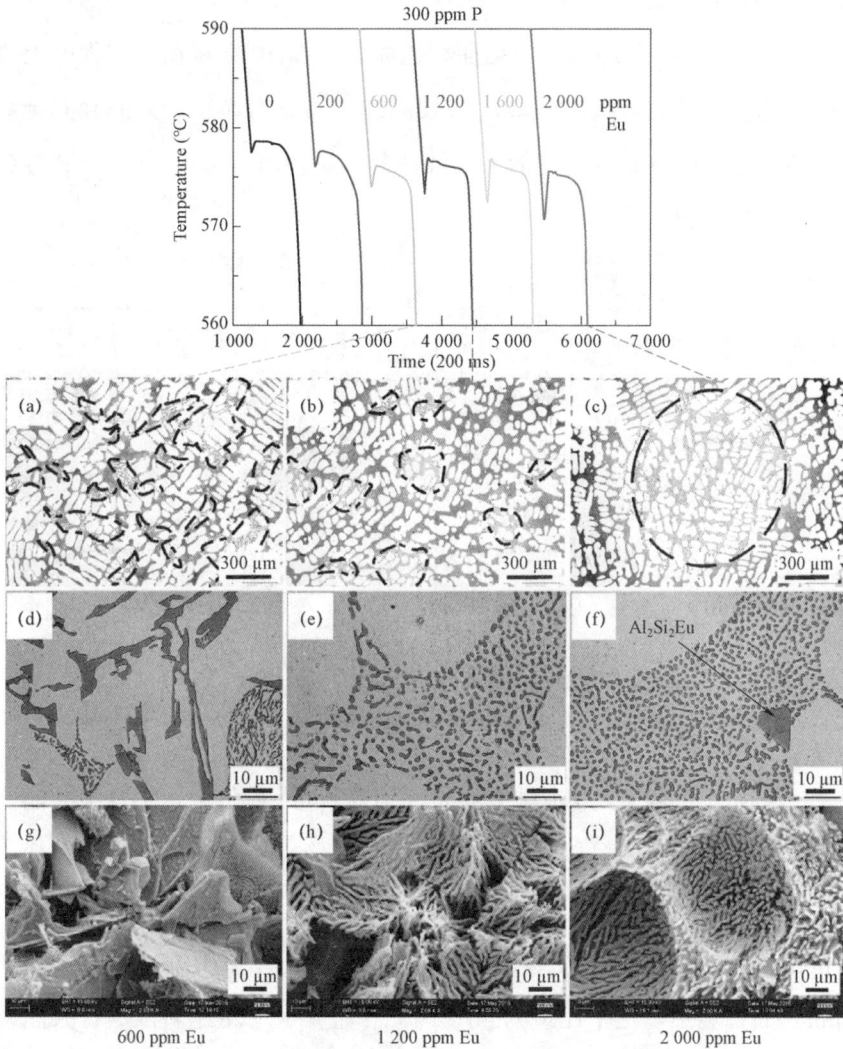

图 3.6　Eu 含量对 Al-7Si-30 ppm P 合金冷却曲线和共晶硅形貌的影响

（a，d 和 g）合金 C3（b，e 和 h）合金 C4（c，f 和 i）合金 C6

　　由于 Eu 的变质行为与 Sr 的变质行为相似，因此可以根据美国铸造协会（AFS）的六个变质等级[47]将 Eu 变质后的共晶硅形貌分为三大类：未变质（等级 1）、部分变质（等级 2～4）和完全变质（等级 5～6）。图 3.7 为 Eu 元素含量对合金中共晶硅形貌的影响。可以看出，在每组合金中，共晶硅的平均面积和纵横比随着 Eu 含量的增加都有减小的趋势，纤维状共晶硅具有较小的平均面积（2.81～4.8 μm²）和较低的纵横比（1.76～1.95）。而当 Eu 含量一定时，随着 P 含量的增加，共晶硅的平均面积也随之增加。P 含量在一定程度上决定了共晶硅的变质效果，如 600 ppm Eu 使高纯 Al-7Si 合金中的共晶硅完全纤维化，使 Al-7Si-5 ppm P 合金中的共晶硅部分变质，而 Al-7Si-30 ppm P 合金中的共晶硅仍然为板片状。

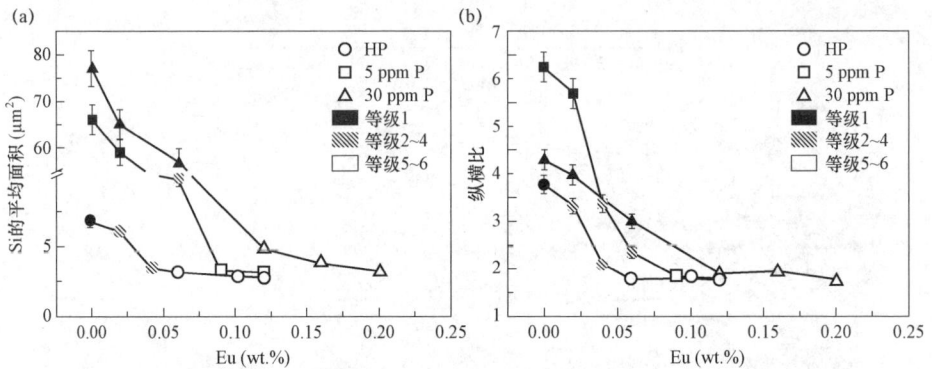

图 3.7　Eu 含量对共晶硅形貌的影响

（a）平均面积（b）纵横比

图 3.8 所示为是加入 Eu 与 P 含量比值对合金 50 倍金相照片中共晶团的数量和硅形貌的影响。可以看出在高纯 Al-7Si 合金中，共晶硅完全转变为纤维状时需要加入的 Eu 与 P 的比值约为 600（按照 P 含量为 1 ppm 计算）；在含 5 ppm P 的合金中，共晶硅完全纤维化时 Eu 与 P 的比值为 180；而在含 30 ppm P 的合金中，这个比值为 40。因此合金中含 P 量越多，尽管共晶硅由板片状完全转变为纤维状时所需要加入的 Eu 的含量也越高，但是实际上所需 Eu 与 P 的比值越小，这说明 Eu 与 P 的交互作用不是导致共晶硅纤维化的唯一机制。此外，为了使含 5 ppm 和 30 ppm P 的合金中的共晶团的数量降低至与高纯合金中相近，含 P 量越高的合金所需 Eu 与 P 的比值也越小（含 5 ppm 合金中需要加入的 Eu/P 值为 240，而在含 30 ppm P 合金中 Eu/P 值为 67），这说明 Eu 与 P 的交互作用机制可能是复杂的。

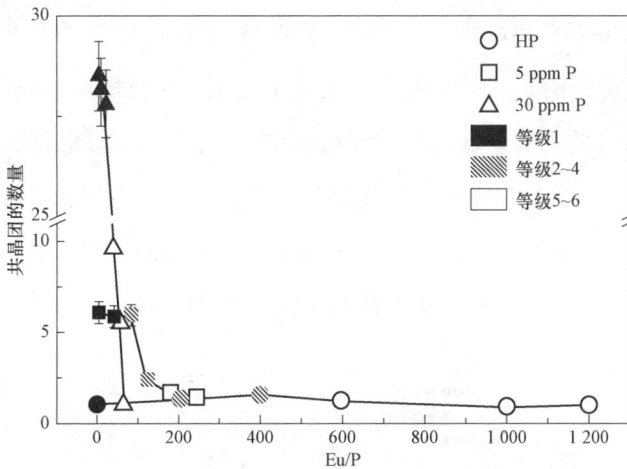

图 3.8　Eu 和 P 比值对共晶团的数量和硅形貌的影响

3.2.3　冷却曲线特征温度分析

图 3.9 为按照图 2.3 计算的各合金冷却曲线中特征温度随 Eu 含量的变化。可以看出，未变质高纯 Al-7Si 合金具有较低的共晶形核温度、共晶最低温度和共晶生长温度，而随着 P 含量的增加，未采用 Eu 变质合金的这些温度也随之升高。这是由于 AlP 颗粒本身可以作为共晶硅的异质形核质点，使得共晶硅能够在更高的温度析出。假设 Al-Si 共晶团呈球形生长，共晶团的长大速度模型为[168]：

$$V = \frac{dR}{dT} = \mu \left(\Delta T\right)^n \tag{3.1}$$

其中，μ 为合金的长大常数，ΔT 为与共晶平衡温度之间的过冷度，n 为常数，理论上为 2。由于未变质的高纯 Al-7Si 合金中异质形核质点较少，共晶硅的形核需要更大的过冷度，因此共晶团具有较大的生长速度，结晶潜热迅速增加，出现了较大的再辉温度。而在含 5 ppm 和 30 ppm P 的合金中，形核过冷度小，因此共晶团生长速度较慢，结晶潜热释放缓慢，再辉温度较低，这也很好地解释了含 P 未变质合金中共晶间距增大和共晶硅粗化的现象。

图 3.9（a-c）显示，随着 Eu 含量的增加，共晶形核温度、共晶最低温度

和共晶生长温度都有逐渐降低的趋势，而在含 30 ppm 的 P 的合金中这种趋势更加明显，这也说明了共晶硅的形核受到了抑制，且这种抑制程度随着 Eu 含量的增加有增大的趋势，这也与宏观组织中共晶团形核率降低的现象相符合。根据式（3.1），过冷度的持续增加使得共晶团具有更大的生长速度，释放大量结晶潜热，因此再辉温度随着 Eu 含量的增加有增大的趋势，如图 3.9（d）所示。这也与 Sr 元素对特征温度的影响规律相同[84]。

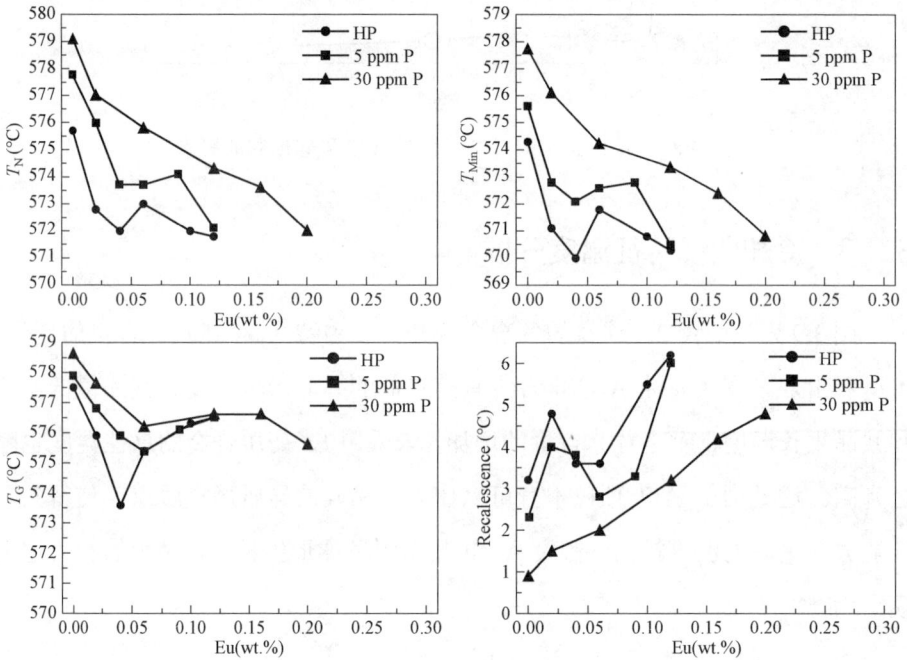

图 3.9　Eu 元素含量对特征温度的影响

（a）共晶形核温度 T_N（b）共晶最低温度 T_{Min},

（c）共晶生长温度 T_G（d）再辉温度（T_G-T_{Min}）

3.2.4　富 Eu 金属间化合物的分布

为了研究完全凝固的样品中的富 Eu 的金属间化合物，本节采用扫描电镜下的背散射模式进行观察拍照，由于背散射图像对原子序数比较敏感，富 Eu 的金属间化合物在图像中更亮。

3.2.4.1　高纯 Al-7Si 合金中的富 Eu 相

当向高纯 Al-7Si 合金中加入 Eu 的含量为 200 ppm 和 400 ppm 时，合金中只含有细小的富 Eu 相；然而当 Eu 含量增大至 600 ppm 时，合金组织中开始出现粗大的富 Eu 相，它们的数量随着 Eu 含量的增加而增多，其尺寸也有增大的趋势。图 3.10（a）为高纯 Al-7Si-1200 ppm Eu 合金中粗大的富 Eu 金属间化合物的扫描照片，可以发现它的二维形貌是多边形的形态。EDX 点分析表明这些粗大的富 Eu 相中 Al:Si:Eu 原子之比接近 2:2:1，为 Al_2Si_2Eu 相，如图 3.10（b）所示。除了粗大的 Al_2Si_2Eu 相，在共晶组织中还发现了很多细小的富 Eu 相，如图 3.10（c）所示，它们主要位于共晶硅的边缘以及共晶硅和共晶铝的内部。图 3.10（d）的透射图片显示其界面比较光滑，通过对其衍射斑点标定发现这些细小的富 Eu 相也为 Al_2Si_2Eu 相。这与 Sr 变质后共晶硅内部和边缘发现的细小的 Al_2Si_2Sr 相非常相似[11]，Li 认为这些细小相是共晶反应时 Sr 元素吸附在共晶硅表面产生的溶质夹杂现象所致。

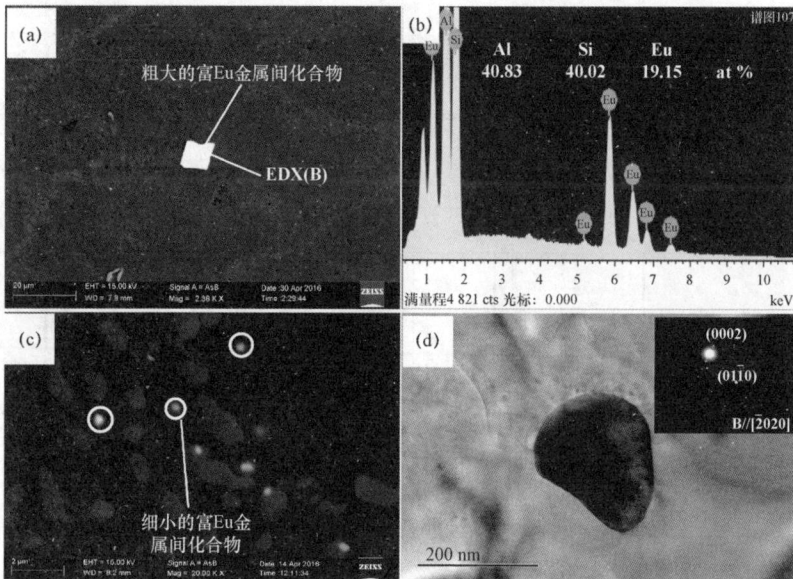

图 3.10　高纯 Al-7Si-1200 ppm Eu 合金中的富 Eu 金属间化合物

（a，b）粗大的富 Eu 金属间化合物及其 EDX 点分析（c，d）细小的富 Eu 金属间化合物及其透射分析

由于加入的稀土含量比较少，常规的 XRD 很难检测到稀土相，因此用同步辐射微区荧光（μ-XRF）和同步辐射微区衍射技术（μ-XRD）相结合的方法来分析完全凝固样品微区中的稀土相。图 3.11 为高纯 Al-7Si-1200 ppm Eu 合金的 μ-XRF 元素分布（75×78 像素）和 μ-XRD 图谱，由于 Si 原子序数低，因此其荧光产额低，特征 X 射线光子能量小，荧光信号相对较弱，而 Eu 的原子序数较大，其荧光信号很强，如图 3.11（a）和图 3.11（b）所示。图 3.11（c-f）

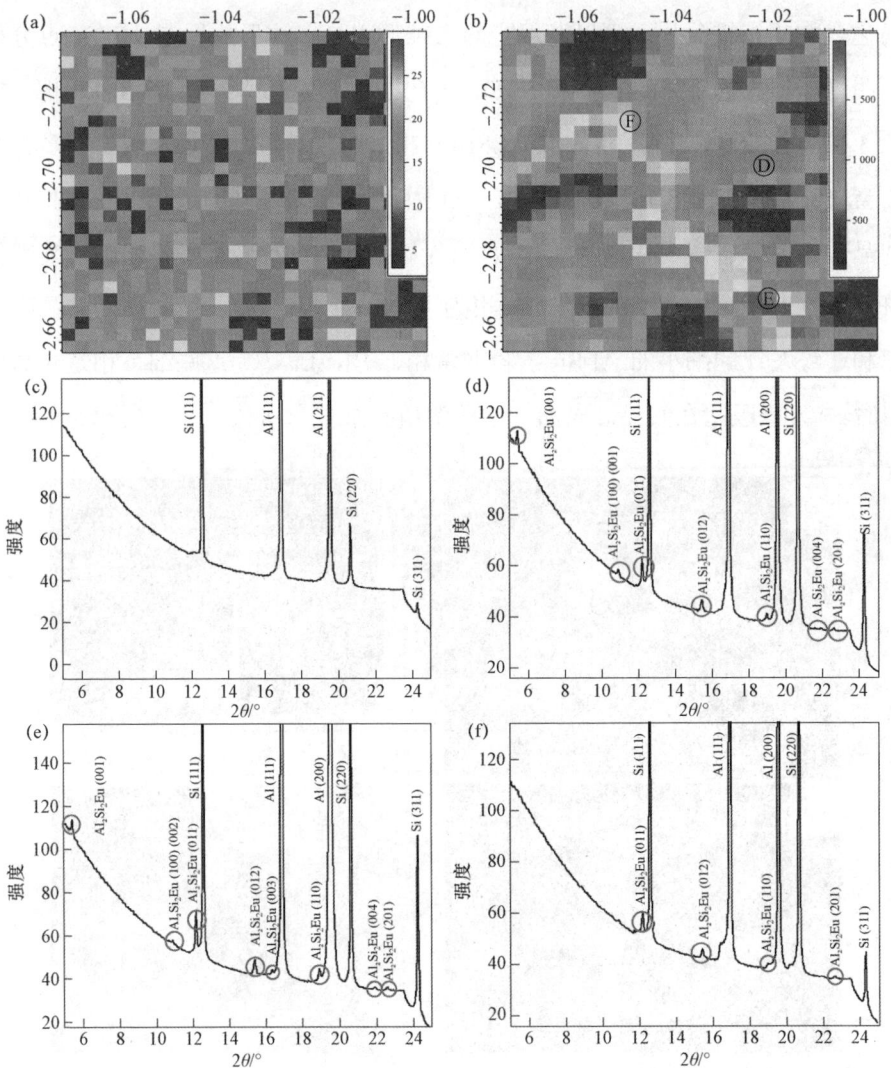

图 3.11　高纯 Al-7Si-1200 ppm Eu 合金的 μ-XRF 元素分布和 μ-XRD 图谱

（a）Si（b）Eu（c-f）分别为图（b）中 C、D、E 和 F 点的 μ-XRD 图谱

分别为图 3.11（b）中不同颜色像素点对应的 μ-XRD 图谱，不同的颜色代表像素点中 Eu 元素的含量不同。由于 C 点在初生铝上，因此其图谱上没有发现富 Eu 相，如图 3.11（c）所示。而 D、E、F 点在共晶组织中，在它们的图谱上都只发现了 Al_2Si_2Eu 相，这也与图 3.10 的实验结果相符。

3.2.4.2　Al-7Si-30 ppm P 合金中的富 Eu 相

当向 Al-7Si-30 ppm P 合金中加入 600 ppm Eu 时，合金组织开始出现粗大的富 Eu 金属间化合物，而常常发现其可以包裹一个黑色颗粒。图 3.12 为 Al-7Si-30 ppm P-1200 ppm Eu 合金中一个内部含黑色颗粒的粗大富 Eu 相的扫描透射（STEM）暗场像及其各元素的分布。可以看出，内部的黑色颗粒含有 Al、P 和 O 元素，这与图 3.3 中 AlP 颗粒的元素分布相似，但是由于黑色颗粒氧化严重，很难通过透射电镜来确定其物相。通过对富 P 颗粒周围的粗大富 Eu 相的衍射斑点进行标定，发现其为 Al_2Si_2Eu 相，这也与研究者们报道的粗大的先共晶相 Al_2Si_2Sr[18] 和 Al_2Si_2Ca[82] 相对 AlP 颗粒的包裹现象非常相似。这说明先于共晶反应析出的粗大的 Al_2Si_2Eu 相很可能在 AlP 颗粒上形核并对其产生包裹作用，使其不能作为共晶硅的异质形核质点。

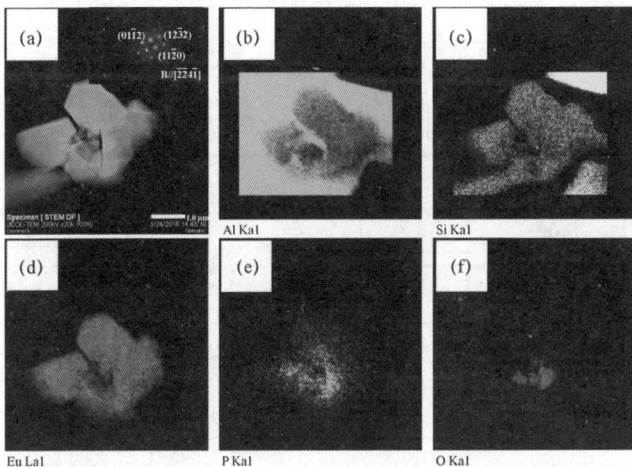

图 3.12　Al-7Si-30 ppm P-1200 ppm Eu 合金中内部含黑色颗粒的粗大富 Eu 相的 EDX 面分析
（a）扫描透射暗场像（b）Al（c）Si（d）Eu（e）O 和（f）P

为了评估 AlP 相对 Al_2Si_2Eu 相的异质形核能力，需要计算它们之间的错配度 δ，错配度越小，其异质形核能力就越强，只有当基底与基体之间的错配度 δ 小于 15%时，才能作为基体的异质形核基底；只有当两者的错配度 δ 小于 8%时，才能产生显著的异质形核效果。为了准确评估立方晶系基底 AlP 与六方晶系 Al_2Si_2Eu 形核相之间的异质形核效果，Bramfitt[169]对一维错配度公式进行了修正，提出了二维错配度算法，公式表达式如下：

$$\delta_{(hkl)_n}^{(hkl)_s} = \sum_{i=1}^{3} \frac{\left| d_{[uvw]_i^s} \cos\theta - d_{[uvw]_i^n} \right|}{d_{[uvw]_i^n}} \times 100\% \qquad (3.2)$$

其中$(hkl)_s$为形核基底的一个低指数晶面，$[uvw]_s$为$(hkl)_s$晶面上的低指数晶向，$(hkl)_n$为形核相的一个低指数晶面，$[uvw]_n$为$(hkl)_n$晶面上的低指数晶向，$d_{[uvw]_s}$为$[uvw]_s$方向上的原子间距，$d_{[uvw]_n}$为$[uvw]_n$方向上的原子间距，θ为$[uvw]_s$与$[uvw]_n$方向的夹角。选择 AlP 面心立方晶体结构中的(110),(100)和(111)三个低指数晶面分别与 Al_2Si_2Eu 六方晶体结构中的（0001）晶面进行二维错配度的计算，每组计算中低指数晶面上所选择的晶向、原子间距、晶向夹角等参数以及二维错配度的结果如表 3.4 所示。计算结果显示，AlP 相的（111）晶面与 Al_2Si_2Eu 相的（0001）晶面二维错配度最小，为 8.057%，说明 AlP 相可以作为 Al_2Si_2Eu 相的形核基底。

表 3.4　AlP 与 Al_2Si_2Eu 之间二维错配度计算参数及结果

	$[hkl]_s$	$[hkl]_n$	$d_{[hkl]s}$	$d_{[hkl]n}$	θ,deg	$\delta_{\text{AlP-Al}_2\text{Si}_2\text{Eu}}$/%
（100）$_{\text{AlP}}$‖（0001）$_{\text{Al}_2\text{Si}_2\text{Eu}}$	$[010]_{\text{AlP}}$	$[1(-)\,2\,1(-)\,0]_{\text{Al}_2\text{Si}_2\text{Eu}}$	5.420	4.168	0	
	$[011]_{\text{AlP}}$	$[2(-)\,110]_{\text{Al}_2\text{Si}_2\text{Eu}}$	3.832	4.168	15	22.033%
	$[001]_{\text{AlP}}$	$[1(-)\,010]_{\text{Al}_2\text{Si}_2\text{Eu}}$	5.420	7.219	0	
（110）$_{\text{AlP}}$‖（0001）$_{\text{Al}_2\text{Si}_2\text{Eu}}$	$[001]_{\text{AlP}}$	$[1(-)\,2\,1(-)\,0]_{\text{Al}_2\text{Si}_2\text{Eu}}$	5.420	4.168	0	
	$[1\,1(-)\,1]_{\text{AlP}}$	$[2(-)\,110]_{\text{Al}_2\text{Si}_2\text{Eu}}$	9.388	4.168	5.26	67.073%
	$[10]_{\text{AlP}}$	$[1(-)\,010]_{\text{Al}_2\text{Si}_2\text{Eu}}$	3.832	7.219	0	

续表

	[hkl]$_s$	[hkl]$_n$	d$_{[hkl]s}$	d$_{[hkl]n}$	θ,deg	$\delta_{\text{AlP-Al}_2\text{Si}_2\text{Eu}}$/%
(111)$_{\text{AlP}}$‖(0001)$_{\text{Al}_2\text{Si}_2\text{Eu}}$	[1(−) 10]$_{\text{AlP}}$	[1(−) 2 1(−) 0]$_{\text{Al}_2\text{Si}_2\text{Eu}}$	3.832	4.168	0	
	[1(−) 2 1(−)]$_{\text{AlP}}$	[1(−) 100]$_{\text{Al}_2\text{Si}_2\text{Eu}}$	6.638	7.219	0	8.057%
	[01 1(−)]$_{\text{AlP}}$	[1(−) 110]$_{\text{Al}_2\text{Si}_2\text{Eu}}$	3.832	4.168	0	

图 3.13 为 Al-7Si-30 ppm P-1200 ppm Eu 合金中不含黑色颗粒的粗大富 Eu 相的扫描透射（STEM）暗场像及其各元素的分布。可以发现此金属间化合物含有 Al、Si、Eu、P 和 O 元素，其中 Al、Si、Eu、P 元素在整个富 Eu 相中均匀分布，而 O 元素仅仅分布在富 Eu 相碎断的边缘区域。通过对其衍射斑点的标定，发现此富 Eu 相仍为 Al$_2$Si$_2$Eu 相。这说明 P 元素可以固溶在粗大的 Al$_2$Si$_2$Eu 相中，进而导致了熔体中的 P 元素的减少。Ludwig[82]也在粗大的 Al$_2$Si$_2$Ca 相中发现了均匀分布的 P 元素。

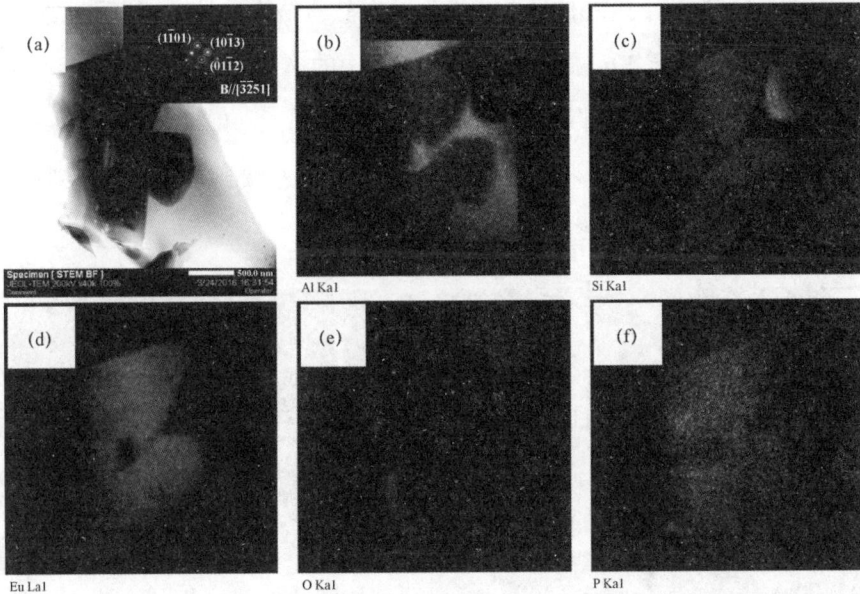

图 3.13　Al-7Si-30 ppm P-1200 ppm Eu 合金中不含黑色颗粒的
粗大富 Eu 相的 EDX 面分析

（a）扫描透射暗场像（b）Al（c）Si（d）Eu（e）O 和（f）P

除了这些粗大的 Al_2Si_2Eu 相对 AlP 颗粒的包裹和消耗之外，在 Al-7Si-30 ppm P-1200 ppm Eu 合金的共晶组织还发现了富含 Al、Eu、P 和 O 元素的颗粒（少量的 Si 元素信号可能来自附近的共晶硅颗粒），并没有硅相在其上形核长大，如图 3.14 所示。其中大量的 O 元素表明黑色颗粒很可能为 AlP 颗粒。Ho[15,16]在 Al-Si-P-Na 合金中发现了同时富含 Al、O、P、Na 元素的颗粒，并计算出当 Na 元素全部中和 AlP 生成 Na_3P 时，要加入 Na 元素的含量约为熔体中 P 含量的二倍。而实际上为了达到完全变质效果时，往往需要加入更多的 Na 元素，这说明了变质机制并不简单的是 Na_3P 代替 AlP 的形成，应该考虑 Na 元素在 Al 和 Si 中的溶解度。Ludwig[82]也在 Al-Si-P-Ca 合金中的一个初生硅中发现了富含 Al、O、P、Ca 四种元素的颗粒，认为它是 AlP 向 Ca_3P_2 转变的中间产物。Pandee[67]在 Al-7Si-0.3Mg-0.24Sc 合金铸件的底部发现了 ScP 相，而在样品内部却没有发现。他认为 ScP 相可能在初生铝形核之前就已经在熔体中析出，由于 ScP 的密度比铝熔体大，因此在重力的作用下沉入样品底部。由于 EuP 与 AlP 均为立方晶体结构，且 Eu 原子与 Al 原子的电负性相近，因此 Eu 原子可以置换 AlP 中的 Al 原子来形成（Al，Eu）P 的固溶体。由于 Eu 原子半径（0.204 nm）比 Al 原子（0.143 nm）要大得多，因此 Eu 原子固溶到 AlP 颗粒中，造成了较大的晶格畸变，这也将会削弱 AlP 颗粒对 Si 相的异质形核能力。

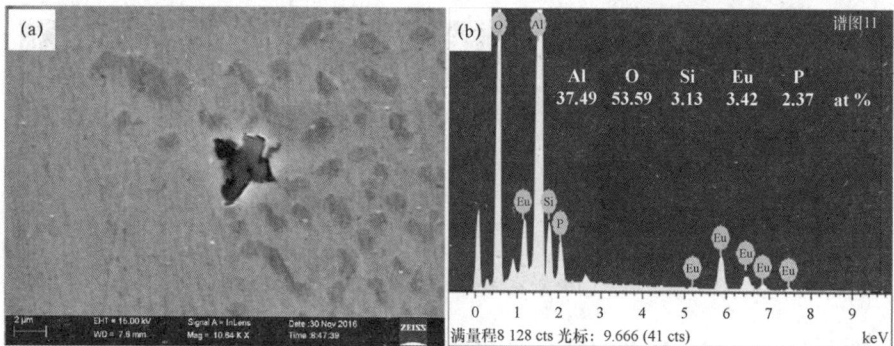

图 3.14　Al-7Si-30 ppm P-1200 ppm Eu 合金中 Al-Eu-P 相的 EDX 点分析
（a）SEM 图片（b）EDX 点分析

综上所述，Eu 元素降低含 P 合金中共晶团的形核率主要是由于熔体中析出的粗大 Al_2Si_2Eu 相能够包裹在富 P 颗粒上，Eu 固溶在 AlP 中形成了（Al，Eu）P 相，此外 P 元素还可以固溶到粗大的 Al_2Si_2Eu 相中。这三方面的作用导致了熔体中 P 元素含量的减少，减少了可以作为硅异质形核质点的 AlP 颗粒的数量。

图 3.15（a）和图 3.15（b）分别为 Al-7Si-30 ppm P-1200 ppm Eu 合金 Si 和 Eu 的 μ-XRF 元素分布（87×78 像素），图 3.15（c-f）分别为图 3.15（b）中不同颜色像素点对应的 μ-XRD 图谱，其中像素点 C、D、E、和 F 均处在共晶组织区域中，在它们的 μ-XRD 图谱上也发现了 Al_2Si_2Eu 相，这与扫描和透射的实验结果相同。但值得一提的是，C 点计数值为 6794，这远远大于其他区域的计数值，这说明 C 点的 Eu 含量很高，而图 3.15（c）左下方的插图显示 C 点的 μ-XRD 图谱中存在未知峰，这可能对应于粗大的 Al_2Si_2Eu 相包裹的 AlP 颗粒或者 Eu 固溶在 AlP 中形成（Al，Eu）P 颗粒的氧化产物。

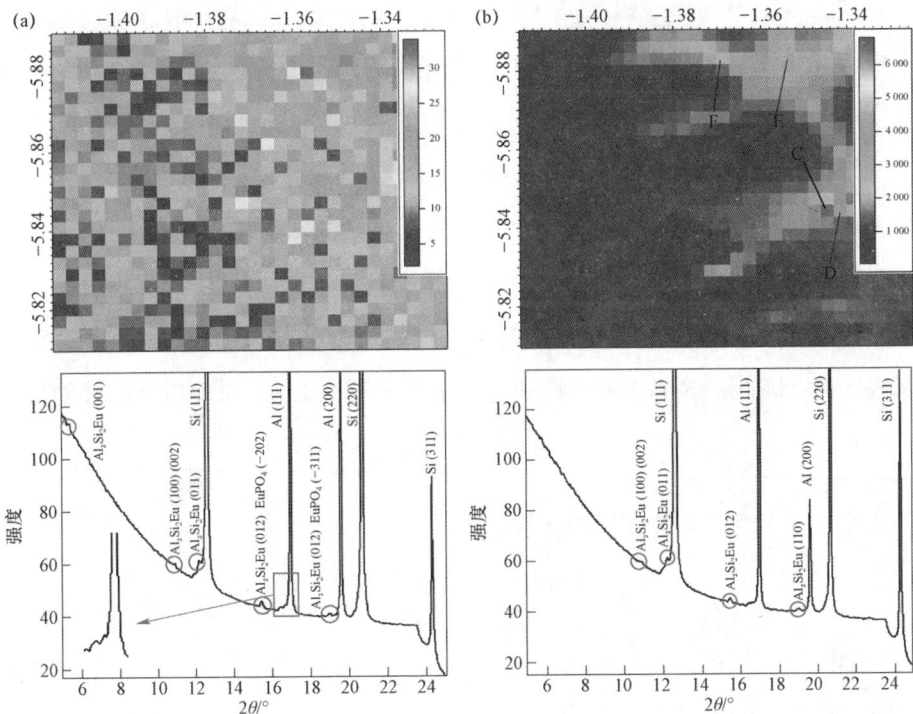

图 3.15　Al-7Si-30 ppm P-1200 ppm Eu 合金的 μ-XRF 元素分布和 μ-XRD 图谱
（a）Si（b）Eu（c-f）分别为图（b）中 C、D、E 和 F 点的 μ-XRD 图谱

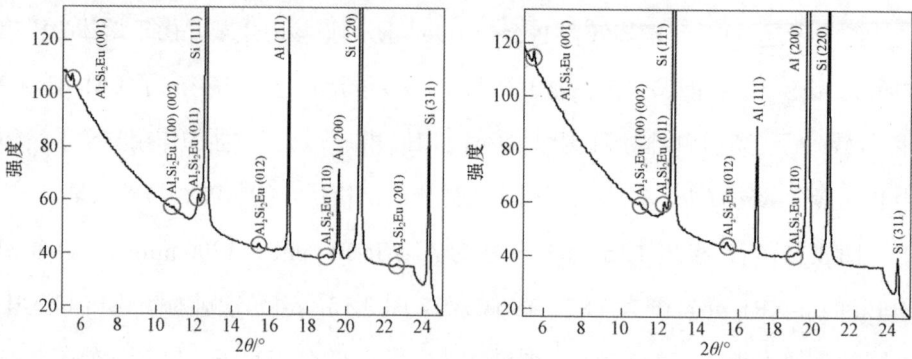

图 3.15　Al-7Si-30 ppm P-1200 ppm Eu 合金的 μ-XRF 元素分布和 μ-XRD 图谱（续）

3.3　Eu 变质前后共晶硅的生长机制

共晶硅的最终形貌跟共晶硅的生长有很大的关系，到目前为止，被广泛接受的变质元素对共晶硅生长机制包括毒化孪晶凹槽（TPRE）机制和杂质诱导孪晶（IIT）机制。毒化 TPRE 机制认为变质元素（Sr 和 Na）可以吸附在孪晶凹槽处并减小了其在＜112＞方向上的生长优势；IIT 机制认为变质元素（Sr 和 Na）可以吸附在硅的{111}面上并产生多重孪晶。在稀土元素中，只有 Eu 元素可以将共晶硅颗粒由板片状变质为纤维状，其变质行为与 Sr 和 Na 元素非常相似，然而 Eu 变质后共晶硅的生长机制是否也与 Sr 和 Na 元素相似值得深入研究。因此，本节借助扫描和透射电镜来研究 Eu 变质前后共晶硅的生长机制。

3.3.1　板片状共晶硅的生长机制

图 3.16（a）为未变质高纯 Al-7Si-30 ppm P 合金中板片状共晶硅三维形貌的扫描照片，发现其在长度方向上的尺寸远远大于其在厚度方面上的尺寸，由于其在样品制备过程中总在横截面处被切割，因此二维形貌呈细长的针状。图 3.16（b）为高倍下板片状共晶硅外表面的扫描照片，可以发现外表面并

不是绝对光滑的，其上还存在很多生长台阶，它们一部分来自凝固界面上的固有台阶（由缺位原子和附加原子组成），另一部分来自二维生核。二维晶核一旦形成，液相原子就会沿着二维晶核的台阶处不断添加并向外扩展，当晶体长满一层后，新的二维晶核会在新的界面上形成，再沿着晶核台阶向外扩展，如此反复进行[170]。尽管通过二维形核生长存在一个临界的驱动力，但是外表面上的缺陷（孪晶、位错等）可以清除或者减小二维晶核的成核位垒，因此即使在远低于临界驱动力的情况下，晶体仍然可以生长[171]。而板片状共晶硅表面的空洞也来自生长台阶的侧向生长[23,66]，如图 3.16（c）所示。

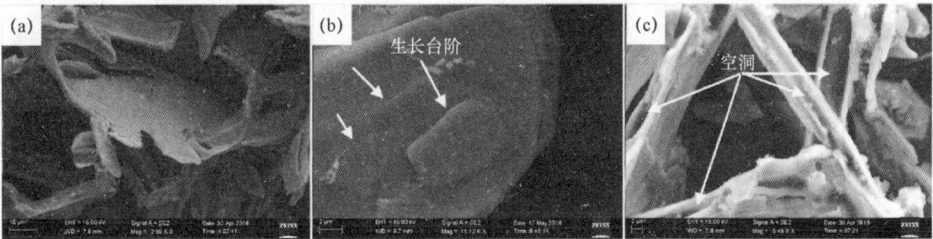

图 3.16　未变质 Al-7Si-30 ppm P 合金中共晶硅的三维形貌
（a）板片状的共晶硅（b）共晶硅的生长台阶（c）共晶硅的空洞

图 3.17（a）所示为未变质 Al-7Si-30 ppm P 合金中板片状共晶硅的扫描照片，为了标定板片状共晶硅的长度方向和其外表面的晶面指数，对图 3.17（a）中方框区域进行电子背散射衍射（EBSD）表征，其取向分布如图 3.17（b）所示，其中 $\bar{a}$ 为方框中共晶硅颗粒的长度伸展方向以及其外表面的轨迹方向。

图 3.17（c-e）分别是图 3.17（b）方框中深灰色和浅灰色共晶硅颗粒的 {100}，<110>和{111}极图。由图 3.17（d）可见，<110>极图的原点 O 与<110>极点 A 的连线与共晶硅颗粒的长度伸展方向 $\bar{a}$ 几乎平行，而极点 A 处既包含了深灰色共晶硅颗粒又包含浅灰色共晶硅颗粒，这说明深灰色和浅灰色共晶硅颗粒的长度伸展方向为<110>方向。同样地由图 3.17（e）可见，{111}极图的原点 O 与<110>极点 B 的连线与共晶硅颗粒的外表面的轨迹方

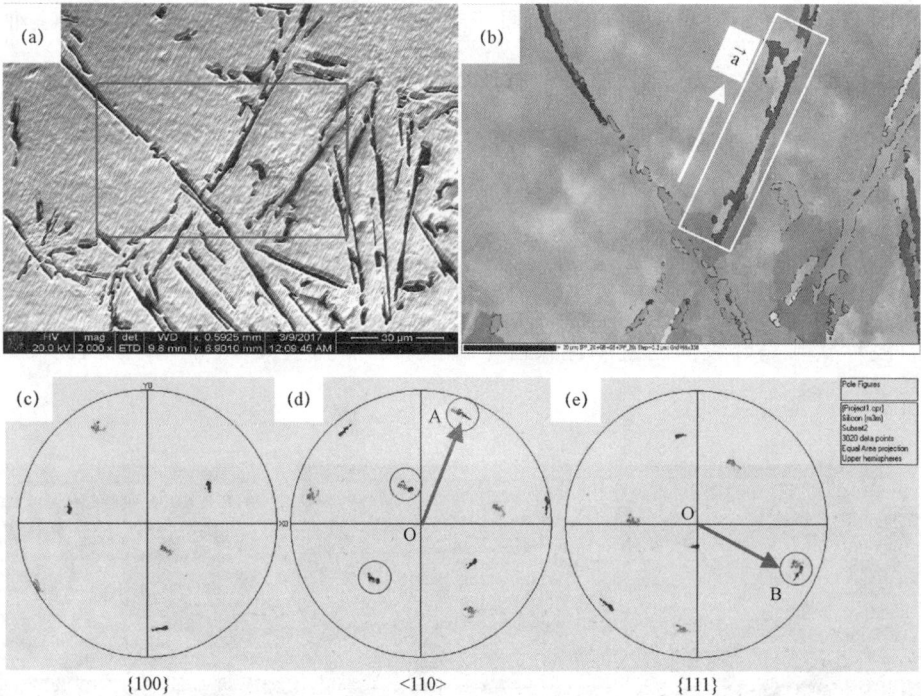

图 3.17　未变质 Al-7Si-30 ppm P 合金中共晶硅的取向

（a，b）共晶硅的扫描照片及 EBSD 取向图（c-e）分别是图（b）方框中深灰色和

浅灰色共晶硅颗粒的{100}，＜110＞和{111}极图

向几乎垂直，而极点 B 处既包含了深灰色共晶硅颗粒又包含浅灰色共晶硅颗粒，说明深灰色和浅灰色共晶硅颗粒的外表面均为{111}面。硅不同晶面的 Jackson 因子 α 及长大方式如表 3.5 所示，对于硅{100}和{110}晶面，由于它们的 Jackson 因子 α 均小于 2，因此它们生长时为非小平面生长。而硅{111}晶面的 Jackson 因子 α 介于 2 和 5 之间，因此硅的{111}晶面生长时既可能为非小平面生长也可能是小平面生长，但是硅{111}晶面生长更倾向于非小平面生长[66]。由于密排面内原子排列紧密，表面能最低，因此板片状共晶硅在生长过程中将以{111}密面为生长界面，长大方式为小平面生长，最终的外表面也将被{111}密排面所覆盖。

表 3.5 硅不同晶面的 Jackson 因子 α 及长大方式[66]

晶面指数	界面层配位数	Jackson 因子 α	长大方式
{111}	3	2.67	过渡界面生长
{100}	2	1.78	非小平面生长
{110}	1	0.89	非小平面生长

共晶硅{111}密排面内结合键多，结合力强，而密排面之间面间距最大，结合键较少，结合力较弱，因此生长孪晶很容易在{111}面上形成和扩展。为了能使{111}<112>系统的孪晶侧立起来，以便更清楚地观察到板片状共晶硅中的孪晶，在用透射电镜观察时，晶带轴选用 [011]$_{Si}$。图 3.18（a）为未变质高纯 Al-7Si-30 ppm P 合金中共晶硅的透射明场像照片，可以在碎断的共晶硅中看到两条平行的孪晶线。图 3.18（b）为其对应的选区衍射花样，经过标定，可以发现其孪晶面为{111}面，孪晶方向为<112>方向。

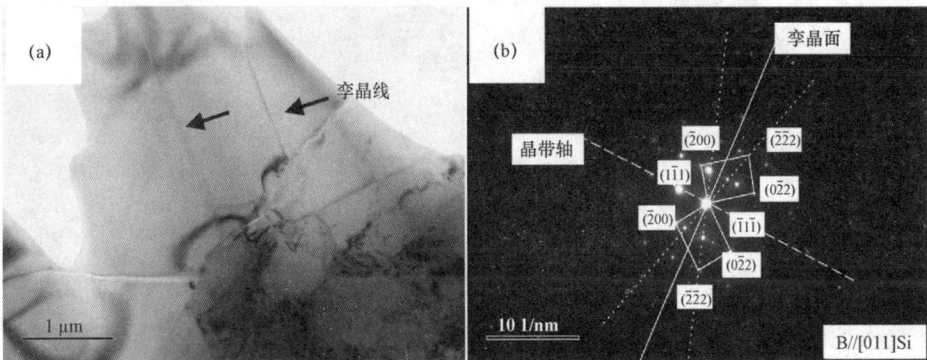

图 3.18 未变质 Al-7Si-30 ppm P 合金中板片状共晶硅的透射照片
（a）透射明场像照片 （b）对应的选区衍射花样

图 3.19 显示了板片状共晶硅在<110>方向上的生长示意图。由透射实验可知，未变质的板片状共晶硅中含有两个或者更多的孪晶面，图 3.19（a）所示为一个含有两个平行孪晶面的硅晶体，它在六个方向上都含有一个 141° 孪晶凹槽（图中标注 Type Ⅰ）和一个 219° 的孪晶棱边。硅原子很容易在 141° 孪晶凹槽上沉积，使硅在多个<112>方向上快速生长，在两个孪晶面的孪晶

凹槽处形成三角形角，这导致了 141° 孪晶凹槽的消失，如图 3.19（b）所示。随后三角形晶体在{111}平面上继续长大，当晶体生长至另一个孪晶面时，将重新形成两个新的 141° 孪晶凹槽，三角形角在这两个 141° 孪晶凹槽处再次形成，如图 3.19（c）和图 3.19（d）所示。正是通过图 3.19（b-e）所示的孪晶凹槽重复消失和重复形成的过程，导致了板片状共晶硅在<110>方向上的生长，如图 3.19（e）所示。

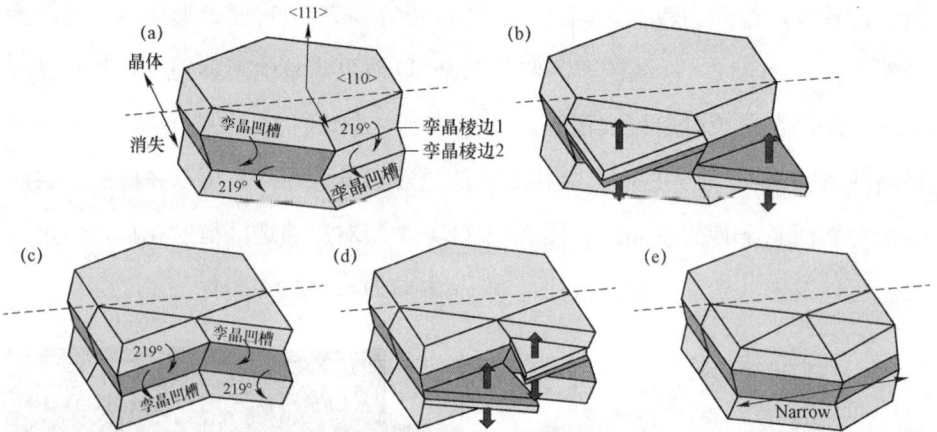

图 3.19　板片状共晶硅在<110>方向上的生长示意图[172]

（a）有两个平行孪晶面的硅晶体（b）三角形角在两个孪晶面形成（c）晶体在{111}平面继续生长，
（d）三角形角再次形成（e）重复（b-e）导致硅晶体在<110>方向的伸展

　　图 3.20 为常见的未变质板片状共晶硅的分枝。图 3.20（a）所示为有一个分枝的板片状共晶硅，其中分枝之间的夹角约为 70.5°，这种情况下的分枝示意图如图 3.20（b）所示。原始的硅晶体含有具有孪晶关系的 A 和 B 两种晶粒，而其分枝含有具有孪晶关系的 B 和 C 两种晶粒，值得注意的是，A 和 C 这两种晶粒并没有孪晶关系，70.5° 分枝的产生的原因是在原始的硅晶体 B 晶粒的另外一个<112>方向上产生了孪晶，导致了 C 晶粒的产生。图 3.20（c）所示为有复杂分枝的板片状共晶硅，其中相邻分枝之间的夹角约为 70.5°，不相邻分枝之间夹角约为 39°，这种情况下的分枝示意图如图 3.20（d）所示。一次分枝的情况与图 3.20（b）所示的情况相同，不同的是在分枝

上再次产生了夹角约为 70.5° 的二次分枝，使其含有具有孪晶关系的 C 和 D 两种晶粒，这样一来，二次分枝与原始晶体之间的夹角为 39°。由于分枝的厚度和长度取决于硅晶体的生长环境，因此组织中的板片状共晶硅的分枝形态各异。

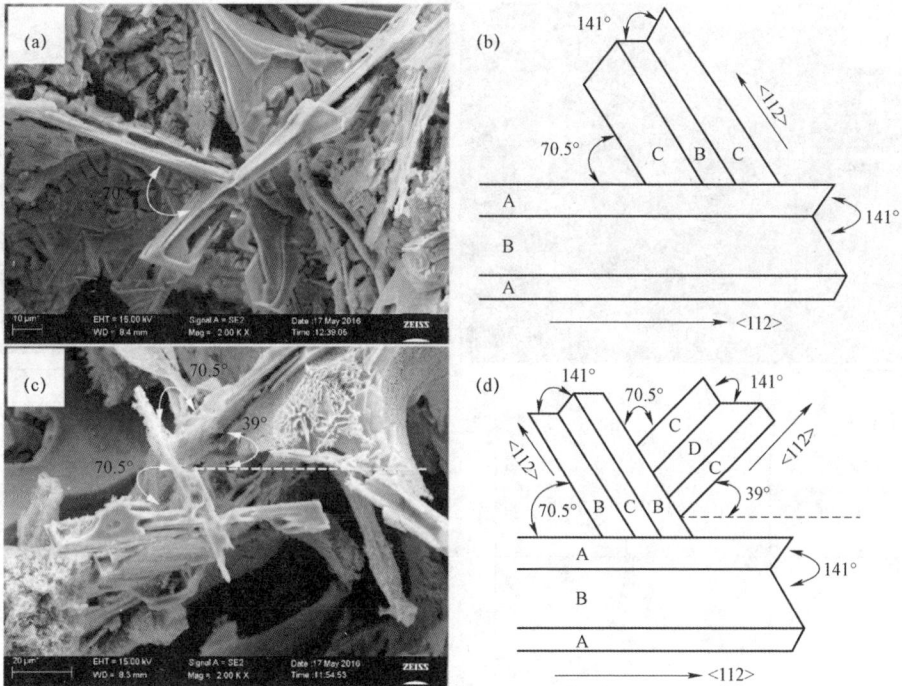

图 3.20　未变质板片状共晶硅的分枝
（a，c）板片状共晶硅分枝的扫描图片（b，d）板片状共晶硅分枝示意图

3.3.2　纤维状共晶硅的生长机制

由微观组织可知，当向 A、B、C 组合金中分别加入 600 ppm、900 ppm 和 1200 ppm Eu 后，板片状共晶硅完全转变为高度分枝的纤维状共晶硅。图 3.21（a）所示 1200 ppm Eu 变质的 Al-7Si-30 ppm P 合金中纤维状共晶硅的扫描图片，其取向分布如图 3.21（b）所示，可以发现共晶铝的颜色与附近初生铝的颜色几乎相同，说明共晶铝依附初生铝生长，而纤维状共晶硅颗粒的颜

色大部分都不相同，说明其有很多的取向。图 3.21（c-e）分别是图 3.21（b）方框中纤维状共晶硅颗粒的{100}，<110>和{111}极图，与未变质共晶硅颗粒的极图相比，变质后共晶硅颗粒的极点分布趋于分散，这说明纤维状共晶硅的生长是各向同性的。

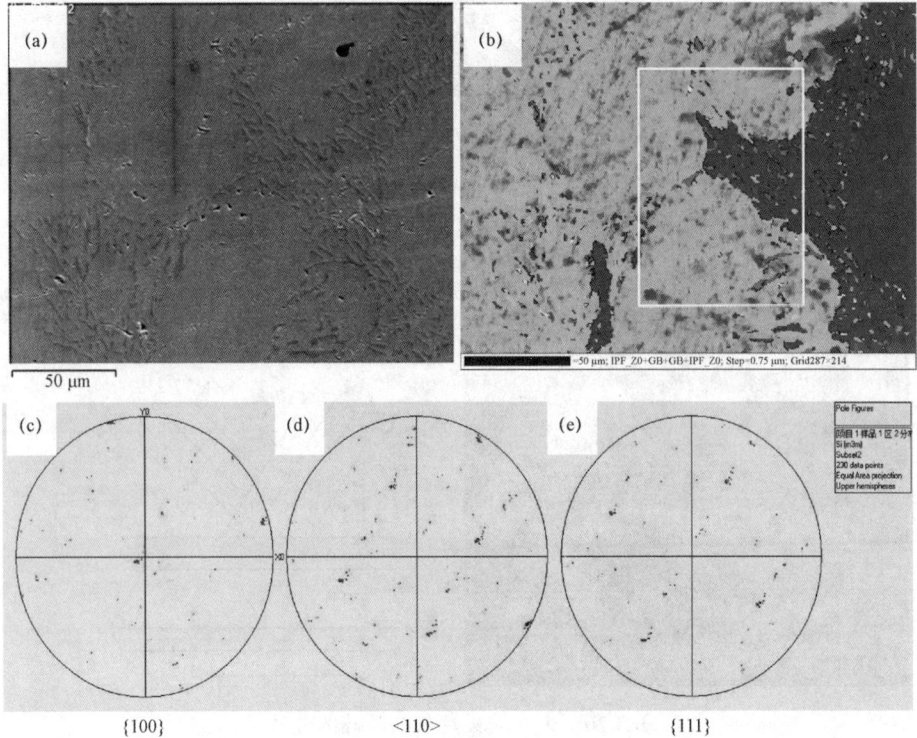

图 3.21　1200 ppm Eu 变质的 Al-7Si-30 ppm P 合金中纤维状共晶硅的取向
（a）纤维状共晶硅的扫描照片（b）EBSD 取向图（c-e）分别是图
（b）方框中共晶硅颗粒的{100}，<110>和{111}极图

为了能够清楚地观察到纤维状共晶硅中的孪晶缺陷，用透射电镜进行观察，晶带轴选用[011]$_{Si}$。图 3.22（a）所示为 1200 ppm Eu 变质的 Al-7Si-30 ppm P 合金中一个含有大量平行孪晶的共晶硅的透射照片，可以发现与未变质共晶硅相比，孪晶的密度大幅度增加。图 3.22（b）为其选区衍射花样，经过标定发现其为一个{111}系统的孪晶，孪晶面为{111}面，孪晶方向为<112>。图 3.22（c）和图 3.22（d）分别为图 3.22（b）中两套不同衍射斑点对应的中心

暗场像照片，也发现了具有孪晶关系的两个硅晶体。

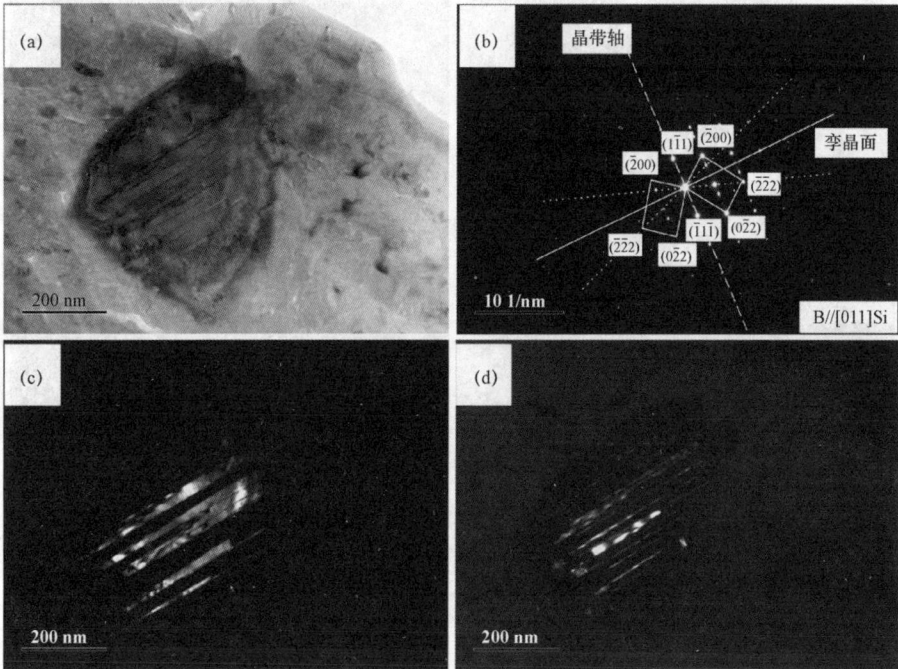

图 3.22　Al-7Si-30 ppm P-1200 ppm Eu 合金中含平行孪晶的共晶硅的透射照片
（a）透射明场像照片（b）对应的选区衍射花样（c，d）图（b）中两套不同衍射斑点
对应的中心暗场像照片

　　实际上，大部分的共晶硅并不是只含有单一方向的平行孪晶，而是含有相交孪晶。图 3.23（a）所示为 1200 ppm Eu 变质的 Al-7Si-30 ppm P 合金中一个含有相交孪晶的共晶硅的透射照片，可以发现共晶硅中在两个方向上均存在高密度的孪晶。图 3.23（b）为晶带轴选用 [011]$_{Si}$ 时，共晶硅颗粒的选区衍射花样，经过标定发现其为两个 {111} 系统的孪晶。图 3.23（c）和图 3.23（d）分别为图 3.23（b）中两个 {111} 系统的孪晶斑点对应的中心暗场像照片，可以发现两个硅孪晶体都沿着 <112> 方向，但是它们的夹角约为 70.5°。这也与 Sr[4,93] 和 Na[79,94] 元素变质后共晶硅中出现高密度相交孪晶的现象相同。

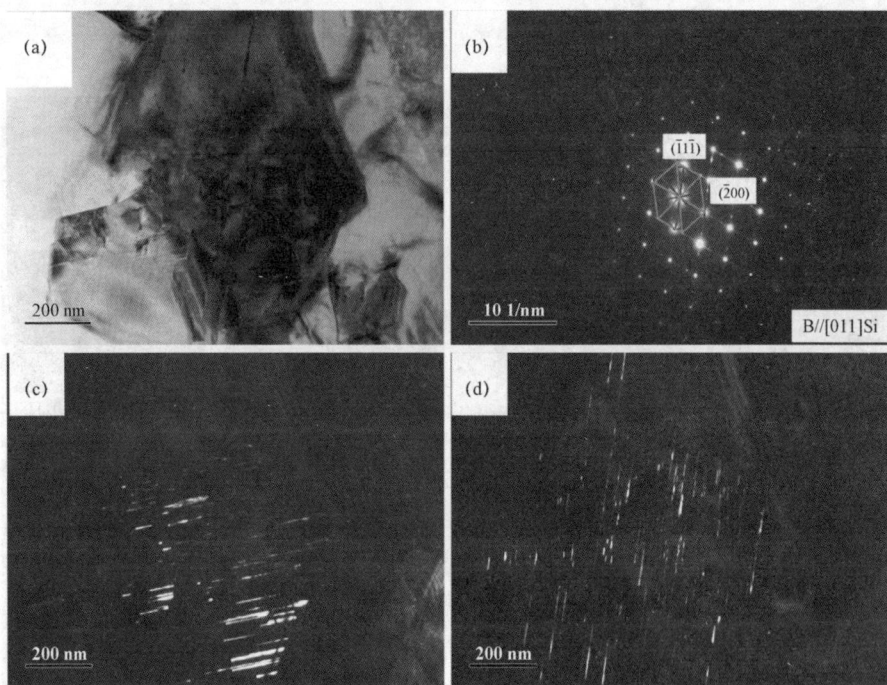

图 3.23　Al-7Si-30 ppm P-1200 ppm Eu 合金中含相交孪晶的共晶硅的透射照片

（a）透射明场像照片（b）对应的选区衍射花样（c，d）图（b）中两个硅变体的

两个{111}$_{Si}$斑点对应的中心暗场像照片

为了研究 Eu 元素在纤维状共晶硅中的分布，采用高角环形暗场（HAADF）和扫描透射电子显微（STEM）相结合的分析方法。图 3.24（a）为纤维状共晶硅中相交孪晶的 HAADF STEM 图像，其图像的亮度正比于原子序数的平方，因此 Eu 元素在图像中显得更亮。图 3.24（b）和图 3.24（c）分别为 Al、Si 和 Eu 元素在图 3.24（a）中的 EDX 面分布，可以发现共晶硅中 Eu 元素的分布是不均匀的。一方面，Eu 元素可以吸附在两条夹角为 70.5° 孪晶线的相交处，如图 3.24（a）和图 3.24（d）中标注的 A 处所示。根据杂质诱导孪晶（IIT）机制，变质原子在硅生长台阶上的吸附，改变了{111}面的堆垛顺序，诱发了孪晶的产生，而 Eu 元素在两条孪晶线相交处的吸附证明了 IIT 机制的存在；另一方面，Eu 元素还可以沿着硅的＜112＞方向吸附在孪晶上，如图 3.24（a）和图 3.24（d）中标注的 B 处所示。根据孪晶凹槽（TPRE）毒

化机制，变质元素可以吸附在孪晶凹槽处，抑制共晶硅在＜112＞方向上的择优生长，而 Eu 元素沿着硅的＜112＞方向吸附在孪晶上也验证了 TPRE 毒化机制的存在。值得一提的是，尽管 Eu 元素在共晶硅孪晶上的分布与 Sr[11,12] 和 Na[79]元素在共晶硅中的分布相同，但是 Sr 和 Na 元素富集处往往含有 Al 元素的富集，形成了 Al-Si-Sr[4,11,12,94]和 Al-Si-Na[79,94]的团簇。而本实验 Eu 元素富集处并无明显的 Al 元素的富集，如图 3.24（b）所示，其中 Al 元素的信号可能来自透射样品厚度方向上共晶硅周围的铝基体或者样品在减薄时 Al 元素在共晶硅表面的再沉积。这也与 Li[173,174]的实验结果相符，他通过电子能量损失能谱（EELS）发现在共晶硅孪晶上吸附的是单个 Eu 原子列，而不是 Al-Si-Eu 团簇。

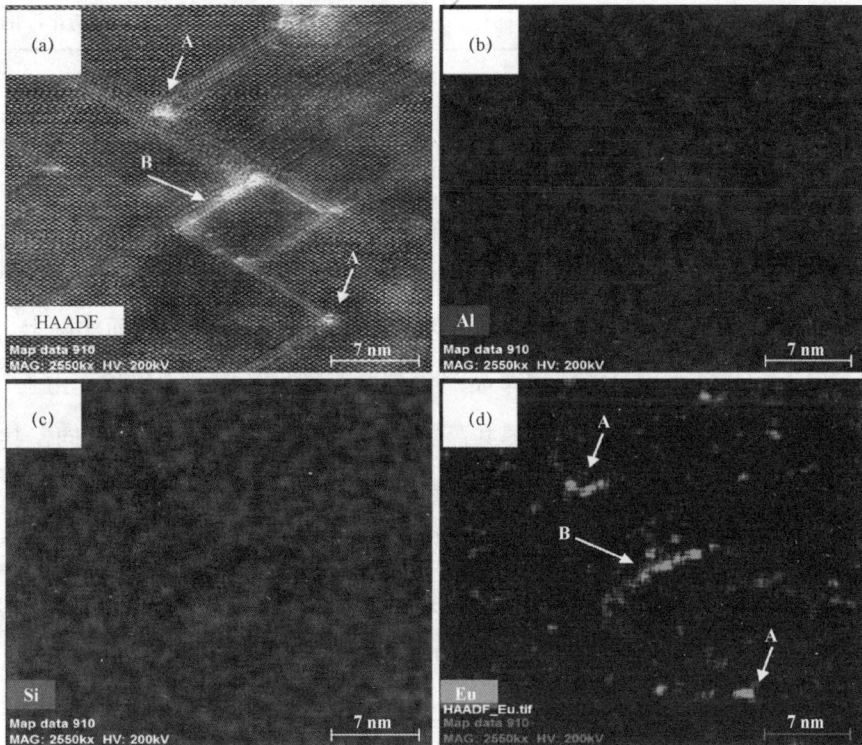

图 3.24　纤维状共晶硅中相交孪晶的 EDX 面分布

（a）HAADF STEM 图像（b）Al（c）Si（d）Eu

表 3.6 对 Na、Sr 和 Eu 元素对共晶硅的变质行为进行了总结和对比。可以发现 Na 元素的变质能力最强，其次是 Sr，最后是 Eu。它们对共晶硅的变质具有很大的相似性，例如，都能将共晶硅转变为纤维状，变质后共晶硅都含有高密度的相交孪晶，变质机制都为 TPRE 毒化和 IIT 机制。但是 Sr 和 Na 元素在孪晶上是以团簇的形式存在的，而 Eu 元素则是以原子的形成存在的，这可能是导致它们变质能力不同的原因。

表 3.6   Na、Sr 和 Eu 元素对共晶硅的变质行为对比

元素	r/r_{Si}	变质效果	高纯合金变质含量	元素存在状态	孪晶分布	变质机制
Na[94]	1.64	纤维状	20～50 ppm	Al-Si-Na 团簇	相交孪晶	TPRE 毒化和 IIT
Sr[4]	1.84	纤维状	200～300 ppm	Al-Si-Sr 团簇	相交孪晶	TPRE 毒化和 IIT
Eu	1.75	纤维状	500～600 ppm	Eu 原子	相交孪晶	TPRE 毒化和 IIT

图 3.25（a）显示了共晶硅纤维化的过程，共晶硅刚开始沿着 A 和 B 晶粒的孪晶方向生长，由于 Eu 元素诱发了孪晶的产生，使得 B 和 C 晶粒在 A 晶粒表面形成，其孪晶方向与 B 晶粒表面的夹角为 70.5°，随后 A 和 B 晶粒又在 C 晶粒表面形成，如此反复进行共晶硅呈"Z"字形生长。值得一提的是，图中仅只显示了一条＜110＞晶带轴所对应的两个{111}孪晶面，而实际上，共晶硅的四个{111}面均可能出现孪晶[89]，使共晶硅呈各向同性生长。由于 Eu 元素对 TPRE 的毒化作用，使得共晶铝和共晶硅的生长速度几乎相同，甚至超前于共晶硅生长[74]，因此共晶铝在共晶硅侧面的阻碍作用使共晶硅的形貌发生了改变，形成了频繁弯曲的纤维状共晶硅。图 3.25（b）显示了纤维状共晶硅分枝化的过程，纤维状共晶硅的持续生长导致其生长前沿富集了大量 Eu 元素，如果由于重力和热对流或者外加扰动削弱了 A 和 B 晶粒前沿的溶质富集，就会削弱 Eu 元素对 TPRE 的毒化作用，这可能使 A 和 B 晶粒沿着其孪晶方向侧向伸出，导致纤维状共晶硅的分枝化，从而形成了高度分枝化的立体结构。

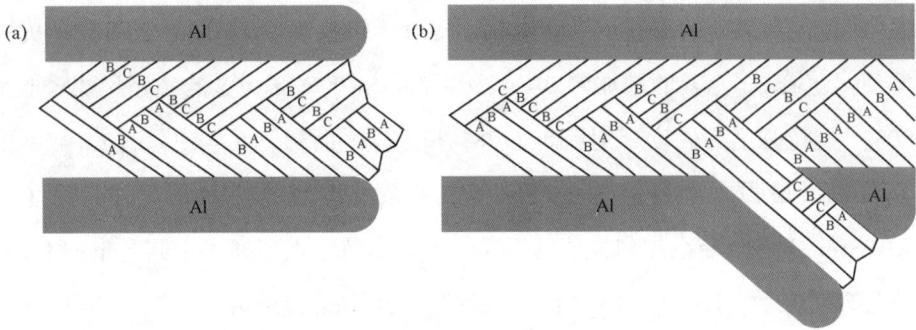

图 3.25　变质后共晶硅生长示意图
（a）纤维化（b）分枝化

3.4　Eu 元素对工业 Al-7Si-0.3Mg 合金中组织和力学性能的影响

3.2 节和 3.3 节研究了 Eu 元素对 Al-7Si 合金中共晶硅的变质机制，而在工业生产中 Al-7Si-0.3Mg（美国牌号 A356）铝合金由于其优良的铸造性能、焊接性，耐腐蚀性以及力学性能，被广泛应用于汽车及航空航天领域[92,175]，经 T6 热处理后，Mg_2Si 的析出可以产生时效强化作用[176,177]。但是该合金中板片状共晶硅很容易在有拉伸应力的情况下产生裂纹并发生断裂，最终致使合金的力学性能变差，因此合金中共晶硅通常也需要变质处理。由于稀土元素变质共晶硅具有长效性、好的重熔性以及对环境无污染的优点，此外稀土元素还可以对铝熔体起到除渣除气的效果，因此近年来稀土元素对共晶硅和合金性能的影响获得了很多研究者的关注。Tsai[178,179]等研究表明加入 1 wt.% 的 La 可以使 Al-7Si-0.35Mg 合金中的共晶硅完全变成纤维状，但是加入 1 wt.% 的 Ce 却仅仅是细化了片状的共晶硅，他们热处理后的抗拉强度并没有得到提升；Qiu[180]等发现当 0.6 wt.% 的 Sm 加入 Al-7Si-0.7Mg 合金中时，初生铝的二次枝晶间距细化，同时共晶硅完全变成了纤维状，提升了材料的抗拉强度和延伸率。Li[181]等研究了稀土 Y 对 Al-7Si-0.5Mg 合金组织的影响，发现 0.3 wt.%

的 Y 也使共晶硅的形貌变为纤维状，提升了抗拉强度。Arfan[182]等的研究中发现，随着 Sc 元素的增加到 0.4 wt.%，Al-7Si-0.7Mg 合金的枝晶尺寸降低了80%，抗拉强度和硬度分别提高了28%和19%。而稀土元素中只有 Eu 元素的变质效果最强，到目前为止还没有报道系统地研究稀土元素 Eu 对工业Al-7Si-0.3Mg 合金组织和性能的影响，因此本节重点研究了不同含量的 Eu 及热处理对工业 Al-7Si-0.3Mg 合金中组织和力学性能的影响。

本实验选用含微量杂质 P 的工业 Al-7Si-0.3Mg 合金，通过加入不同含量的 Eu 元素（0、0.02%、0.04%、0.06%、0.08%、0.1%）来研究其对工业Al-7Si-0.3Mg 合金组织和性能的影响，金属模具的冷却速度约为 20 ℃/s。表 3.7 为各合金的化学成分。

表 3.7 工业 Al–7Si–0.3Mg 合金化学成分

样品	Si（wt.%）	Fe（wt.%）	Eu（wt.%）	Mg（wt.%）	P/ppm	Al（wt.%）
D1	6.9	0.17	0	0.29		剩余
D2	7.3	0.18	0.016	0.31		剩余
D3	7.2	0.18	0.038	0.28	<30	剩余
D4	7.4	0.16	0.059	0.28		剩余
D5	6.9	0.16	0.079	0.30		剩余
D6	7.1	0.16	0.095	0.29		剩余

3.4.1 Eu 元素对工业 Al-7Si-0.3Mg 合金微观组织的影响

图 3.26 为不同稀土 Eu 含量的工业 Al-7Si-0.3Mg 合金的铸态组织照片，可以发现稀土元素的加入对共晶硅颗粒的形貌影响很大。未变质工业Al-7Si-0.3Mg 合金中共晶硅在二维形貌下是细长的针状，其分布也不均匀，α-Al 和共晶组织的界面是不明显的，如图 3.26（a）所示；0.02%和 0.04%Eu的加入减小了共晶硅的长度，使共晶硅的分布更加均匀，但其形貌仍然为针状，如图 3.26（b）和图 3.26（c）所示；当添加 Eu 含量为 0.06%和 0.08%时，

共晶硅进一步细化，大部分共晶硅转变为纤维状，但是针状共晶硅依然存在，如图 3.26（d）和图 3.26（e）所示；进一步增加 Eu 的含量至 0.1%，共晶硅完全变为细小的纤维状结构，如图 3.26（f）所示。

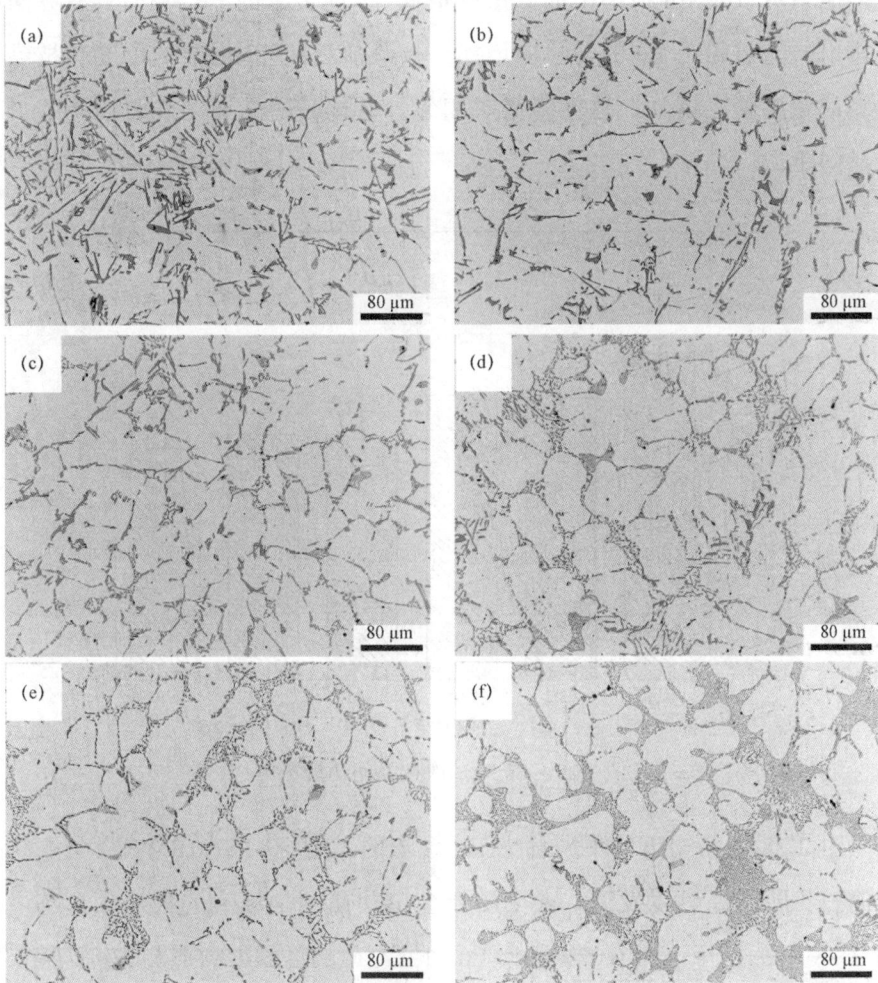

图 3.26　铸态下工业 Al-7Si-0.3Mg 合金的微观组织

（a）未变质（b）0.02 wt.%Eu（c）0.04wt.%Eu（d）0.06 wt.%Eu，

（e）0.08 wt.%Eu（f）0.1 wt.%Eu

Eu 元素除了对共晶硅的形貌有影响之外，还发现 Eu 的加入明显降低了 α-Al 的二次枝晶间距，图 3.27 为用 Image Pro Plus（IPP）软件统计的

各合金中 α-Al 二次枝晶间距的大小。结果显示当加入 Eu 的含量为 0.06% 时，二次枝晶间距从未变质的 44 μm 减小到 34 μm，再继续增加 Eu 的含量，二次枝晶间距变化不大。由于工业 Al-7Si-0.3Mg 合金中稀土元素 Eu 的平衡分配系数以及 Eu 在铝中的固溶度很低，因此多余的 Eu 将在固-液界面前沿排出。随着稀土 Eu 的含量的增加，枝晶前沿液相中 Eu 的浓度和枝晶间薄膜的宽度随之增加，这就阻碍了相邻二次枝晶的粘连，进而细化了二次枝晶间距。

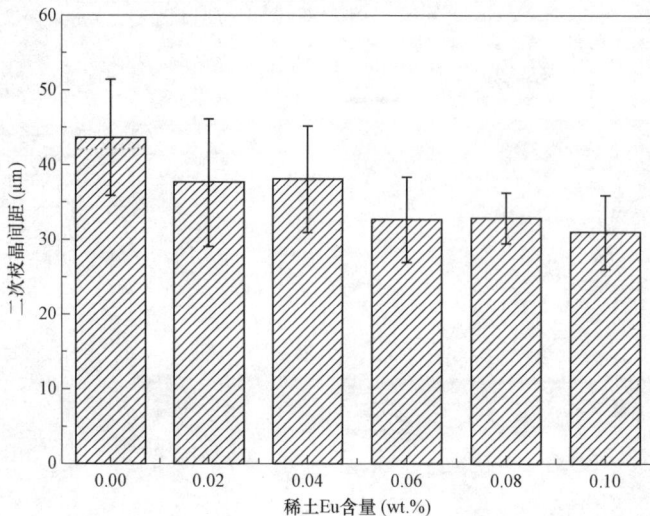

图 3.27　Eu 对二次枝晶间距的影响

　　图 3.28 为铸态下的不同稀土 Eu 含量的工业 Al-7Si-0.3Mg 合金中共晶硅的三维形貌。可以发现，未变质合金中共晶硅是粗大的板片状形态，如图 3.28（a）所示；而 0.02%稀土 Eu 对共晶硅的形貌影响不大，其形貌依然为板片状，如图 3.28（b）所示；当添加 Eu 含量为 0.04%时，共晶硅明显细化且分枝增多，其三维形貌仍以板片状为主，如图 3.28（c）所示；0.06%和 0.08%Eu 的加入，使大部分共晶硅发生了纤维化，但是板片状共晶硅依然存在，如图 3.28（d）和图 3.28（e）所示；进一步增加 Eu 的含量至 0.1%，共晶硅完全变为高度分枝的纤维状结构，如图 3.28（f）所示。

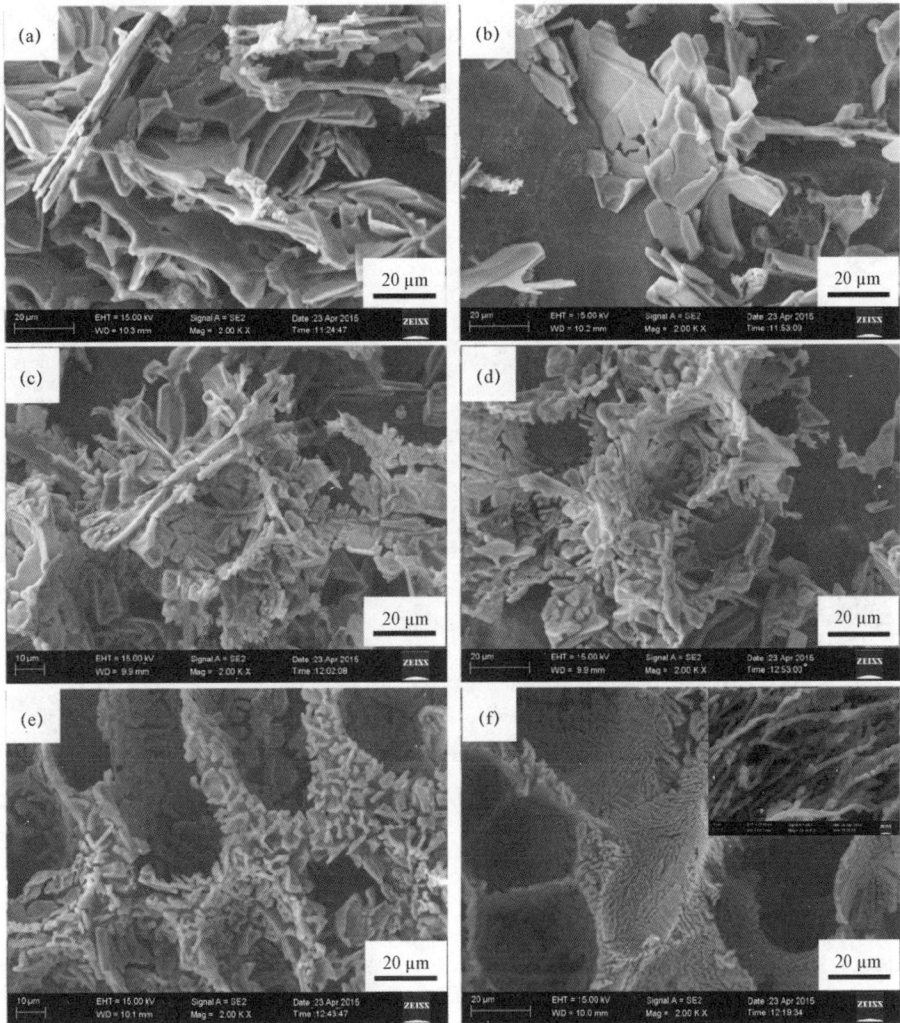

图 3.28　工业 Al-7Si-0.3Mg 合金中共晶硅的三维形貌

（a）未变质（b）0.02 wt.%Eu（c）0.04wt.%Eu（d）0.06 wt.%Eu

（e）0.08 wt.%Eu（f）0.1 wt.%Eu

图 3.29 为 T6 热处理状态下的不同稀土 Eu 含量的工业 Al-7Si-0.3Mg 合金的金相组织照片，发现共晶硅在热处理之后，出现了一定程度上的球化和粗化。图 3.29（a）和图 3.29（b）表明未变质和 0.02%变质后的共晶硅在热处理之后仍然是长棒状的形态；当添加 Eu 含量为 0.04%时，热处理后长棒状的共晶硅数量明显减少，同时棒状共晶硅的长度也发生了减小；继续增加稀土 Eu

含量时，热处理后的共晶硅颗粒完全发生了球化，如图 3.29（c-f）所示。朱培钺[183]研究了热处理时共晶硅的粒状化现象，指出其包含共晶硅的熔断和粒化两个阶段，而熔断很容易发生在共晶硅中有孪晶缺陷的分枝处和凹槽处。由于变质后的共晶硅有更多的分枝和凹槽，因此热处理之后，更容易发生熔断，从而加速了粒状化。

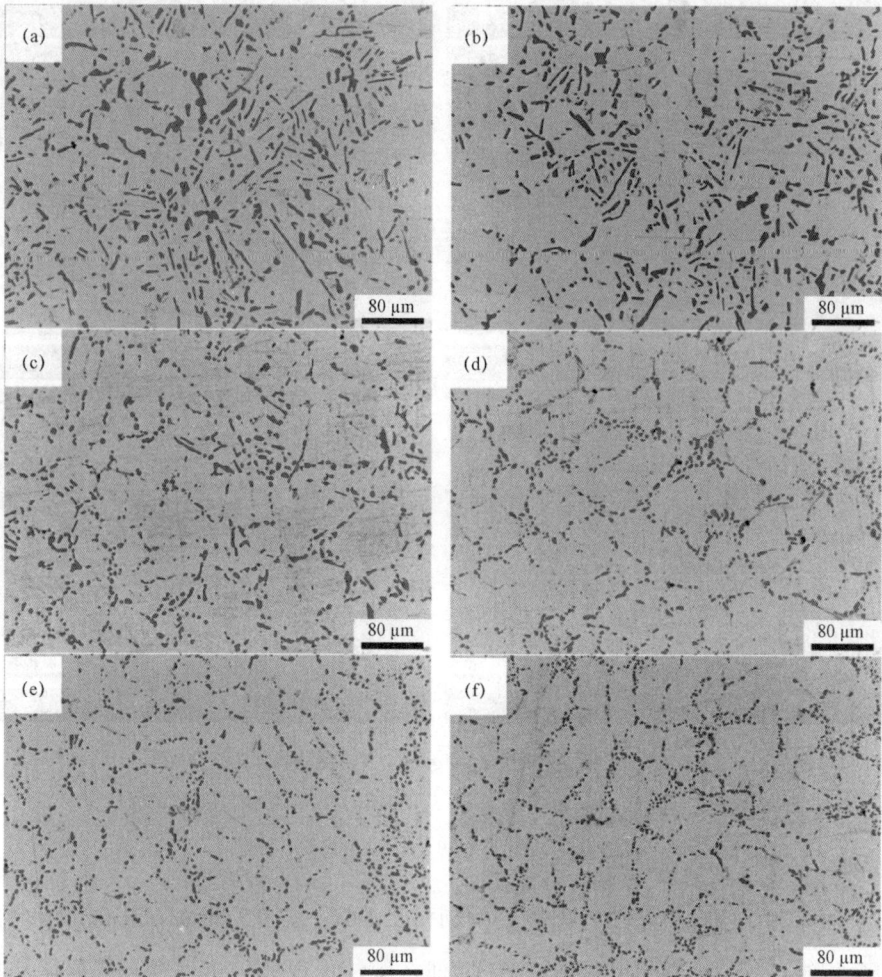

图 3.29　热处理状态下工业 Al-7Si-0.3Mg 合金的微观组织

（a）未变质（b）0.02 wt.%Eu（c）0.04wt.%Eu（d）0.06 wt.%Eu

（e）0.08 wt.%Eu（f）0.1 wt.%Eu

为了表征稀土 Eu 含量对铸态和 T6 热处理状态下工业 Al-7Si-0.3Mg 合金中共晶硅形态的影响，统计了共晶硅颗粒的平均面积和纵横比，其结果如图 3.30 所示。由图可以看出，铸态下共晶硅颗粒的平均面积和纵横比均随着稀土 Eu 含量的增加而减小，铸态下共晶硅的最佳变质含量为 0.1%。热处理状态下共晶硅几何参数随稀土 Eu 含量的变化规律与铸态相同，但是由于热处理后的共晶硅发生了粗化和球化，因此与铸态组织相比，热处理后的共晶硅颗粒有较高的平均面积和较低的纵横比。值得一提的是，尽管 0.08% 的 Eu 和 0.1% 的 Eu 变质后共晶硅的三维形貌有很大不同，但是热处理后共晶硅的平均面积和纵横比变化不大。

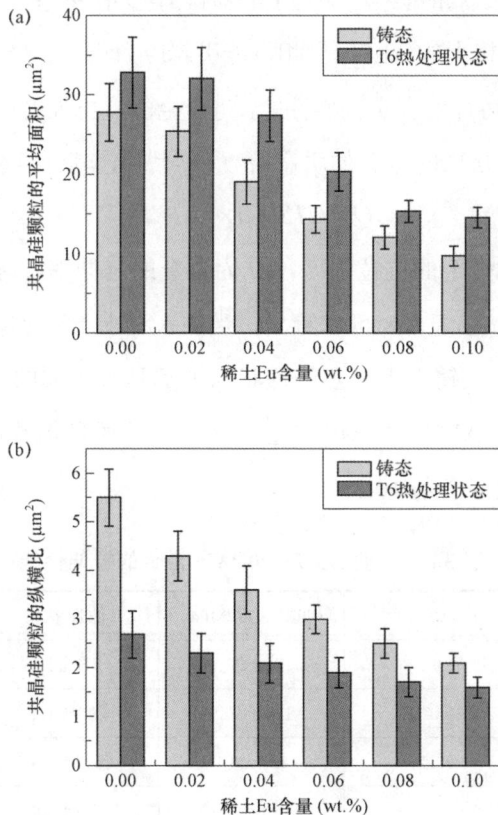

图 3.30　Eu 含量对共晶硅几何参数的影响

（a）平均面积（b）纵横比

3.4.2　Eu 元素对工业 Al-7Si-0.3Mg 合金力学性能的影响

表 3.8 为不同含量 Eu 的工业 Al-7Si-0.3Mg 合金在铸态下和热处理状态下的抗拉强度和延伸率。结果表明当加入稀土 Eu 含量为 0.1%时，工业 Al-7Si-0.3Mg 合金在铸态下和热处理状态下都具有最大的抗拉强度。与未变质合金相比，工业 Al-7Si-0.3Mg 合金在铸态下的抗拉强度提高了 15.9%，热处理后的抗拉强度提高了 6%。而当加入稀土 Eu 含量为 0.08%时，工业 Al-7Si-0.3Mg 合金在铸态下和热处理状态下都具有最大的延伸率。与未变质合金相比，工业 Al-7Si-0.3Mg 合金在铸态下的延伸率提高了 24.3%，热处理后的延伸率提高了 54.1%。但是当稀土含量继续增加到 0.1%时，合金在铸态下和热处理状态下的延伸率反而减小。粗大的 Al_2Si_2Eu 相可能引起应力集中，最终导致延伸率的下降。为了评估一个铸件的真实拉伸性能，将合金的抗拉强度和延伸率结合起来，计算了工业 Al-7Si-0.3Mg 合金的质量指数 Q[184-187]，其计算公式如下：

$$Q = UTS + a \times \log(EI) \tag{3.3}$$

其中，UTS 为合金的抗拉强度，EI 为合金的延伸率，对 Al-Si-Mg 合金而言 a 值取 150[185]。由表 3.8 可以看出，当加入稀土 Eu 含量为 0.1%时，工业 Al-7Si-0.3Mg 合金在铸态下和热处理状态下都具有最大的质量指数。与未变质合金相比，工业 Al-7Si-0.3Mg 合金在铸态下的质量指数提高了 11.4%，热处理后的质量指数提高了 10.8%。

表 3.8　工业 Al–7Si–0.3Mg 合金的拉伸性能

	Eu（wt.%）	抗拉强度/MPa	伸长率/%	质量指数/MPa
铸态	0	176±22.1	7.4±1.3	306
	0.02	174±17.5	7.3±1.2	303
	0.04	187±8.1	7.7±2.8	319
	0.06	188±10	8.9±3.0	330
	0.08	190±3.7	9.2±0.6	334
	0.1	204±27.5	8.2±3.3	341

	Eu（wt.%）	抗拉强度/MPa	伸长率/%	质量指数/MPa
	0	250±13.2	9.6±3.1	397
	0.02	252±12.6	9.8±2.6	400
	0.04	262±2.8	12.8±4.1	428
T6	0.06	263±7.6	13.7±5.1	433
	0.08	261±5.7	14.8±1.4	436
	0.1	265±5.0	14.7±5.6	440

图 3.31（a-d）为铸态下不同含量 Eu 的工业 Al-7Si-0.3Mg 合金的拉伸断口扫描照片。可以发现，铸态下未变质工业 Al-7Si-0.3Mg 合金的拉伸断口是由大量的不规则的解理面构成，表现出脆性断裂的特征，如图 3.31（a）所示。这是由于铸态下未变质的工业 Al-7Si-0.3Mg 合金中共晶硅为粗大的板片状形态，在拉伸应力作用下，很容易在其与基体的界面处产生应力集中，进而导致裂纹的产生，因此铸态下未变质的工业 Al-7Si-0.3Mg 合金具有较低的抗拉强度和延伸率。当加入稀土含量为 0.04%时，工业 Al-7Si-0.3Mg 合金的拉伸断口上解理面的数量有所减少，同时产生了少量的韧窝，如图 3.31（b）所示。这是由于此时合金中少量的共晶硅发生了细化，尽管共晶硅的形态依然是板片状，但是它们的长度远远没有未变质合金中长，这就一定程度上减少了裂纹产生的几率。当继续增加稀土含量至0.06%时，板片状共晶硅进一步发生了细化，拉伸断口上韧窝的数量进一步增加，如图 3.31（c）所示。当添加稀土含量增至 0.1%时，共晶硅完全发生了纤维化，这大大减少了应力集中，这也导致了其拉伸断口上解理面的数量大幅度减少，韧窝的数量大幅度增加，表现出了韧性断裂的特征，如图 3.31（d）所示。

图 3.31（e-h）为 T6 热处理状态下不同含量 Eu 的工业 Al-7Si-0.3Mg 合金的拉伸断口扫描照片。与铸态下未变质工业 Al-7Si-0.3Mg 合金相比，T6 热处

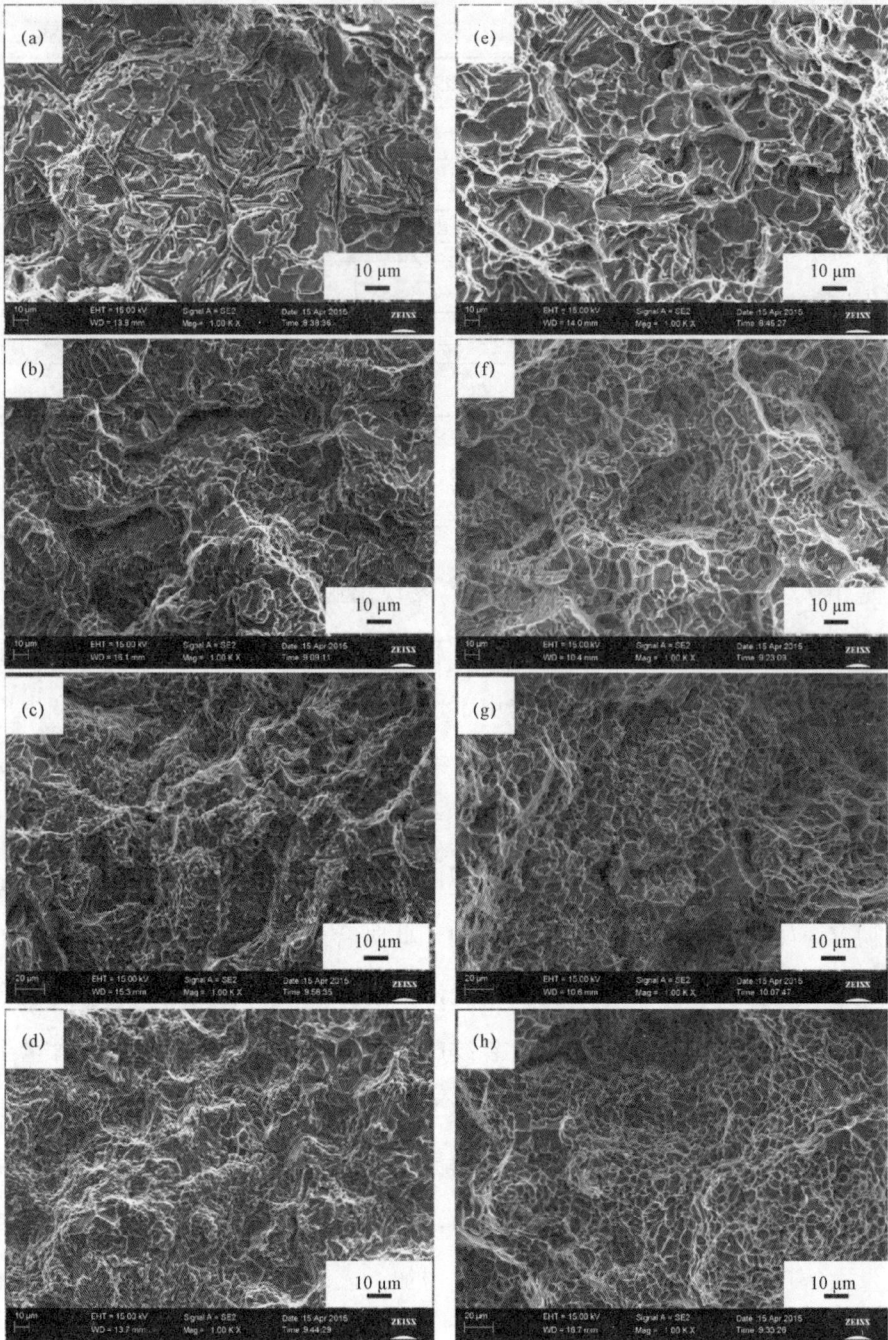

图 3.31 工业 Al-7Si-0.3Mg 合金拉伸断口的扫描照片

（a，e）未变质（b，f）0.04 wt.%Eu（c，g）0.06wt.%Eu（d，h）0.1 wt.%Eu，其中（a-d）为铸态，

（e-h）为 T6 热处理态

理后的工业 Al-7Si-0.3Mg 合金的拉伸断口出现了少量分布不均匀的韧窝，表现出了一定的韧性断裂的特征，韧窝的尺寸分布也不均匀，大约在 5～30 μm 之间，如图 3.31（e）所示。这是由于经过 T6 热处理，未变质合金中的部分共晶硅颗粒发生了熔断和粒化，一定程度上减少了应力集中，导致了延伸率的增加。当添加 Eu 含量为 0.04%时，T6 热处理后工业 Al-7Si-0.3Mg 合金的拉伸断口上韧窝的数量增加，尽管分布也不均匀，但是其尺寸得到了减小，如图 3.31（f）所示。这是由于此时共晶硅颗粒经过热处理之后，长棒状的共晶硅颗粒数量明显减少，大部分的共晶硅颗粒已经发生了球化，进一步导致了其延伸率的增加。当进一步添加稀土 Eu 含量分别为 0.06%和 0.1%时，此时热处理后的共晶硅颗粒完全发生了球化，应力集中大幅度降低，致使其拉伸断口主要由尺寸细小的韧窝构成，如图 3.31（g）和图 3.31（h）所示。尤其是热处理后 0.1%稀土 Eu 变质后的合金断口上的韧窝分布更加均匀，更加细小，其尺寸在 3～6 μm。这些深而细小的韧窝表明此时合金具有很高的延伸率。总而言之，从拉伸断口上观察到的形貌特征与合金的拉伸性能结果相一致。

3.5　小　结

本章研究了 Eu 与 P 在高纯 Al-7Si 合金中的交互作用机制，进而研究了变质前后共晶硅的生长机制，阐述了 Eu 元素对共晶硅的变质机制，研究了 Eu 对工业 Al-7Si-0.3Mg 合金组织和性能的影响，得出以下主要结论：

（1）随着高纯工业 Al-7Si 合金中 P 含量的增加，共晶团形核率增加，这是由于 AlP 颗粒对硅的异质形核作用，但共晶硅发生了粗化。而 Eu 元素的加入，降低了含 P 量为 5 ppm 和 30 ppm 的合金中的共晶团的数量。合金中含 P 量越多，共晶硅由板片状完全转变为纤维状时所需要加入的 Eu 的含量越高。

（2）同步辐射微区荧光（μ-XRF）和同步辐射微区衍射（μ-XRD）实验表

明 Eu 能形成 Al_2Si_2Eu 相。Eu 元素对熔体中 P 元素的消耗主要包括三个方面：① Eu 固溶在 AlP 形成了（Al，Eu）P 相；② 粗大的 Al_2Si_2Eu 相对富 P 颗粒的包裹作用；③ P 元素固溶在粗大 Al_2Si_2Eu 相中。

（3）未变质板片状共晶硅主要通过孪晶凹槽（TPRE）生长机制生长，共晶硅通常含有两个以上的平行的 {111} 孪晶面，由于孪晶凹槽和孪晶棱边的交替生长，使板片状共晶硅的最终生长方向为 <110> 方向。

（4）纤维状共晶硅含有高密度的相交孪晶，孪晶线之间的夹角约为 70.5°。Eu 元素吸附在硅的 <112> 方向上和两条孪晶线的相交处，这表明 Eu 元素对共晶硅生长的影响机制主要是表现为杂质诱导孪晶（IIT）机制和孪晶凹槽（TPRE）毒化机制。

（5）稀土 Eu 元素的加入，提高了工业 Al-7Si-0.3Mg 合金在铸态下和热处理状态下的抗拉强度和延伸率。当加入稀土 Eu 含量为 0.1% 时，工业 Al-7Si-0.3Mg 合金在铸态下的质量指数 Q 提高了 11.4%，热处理后的质量指数提高了 10.8%。

第4章

Eu 和 P 对过共晶 Al-16Si 合金凝固过程中硅相的变质

4.1 引 言

由于过共晶铝硅合金具有热膨胀系数低、密度小、导热能力强、耐磨和耐腐蚀等特性，已经在航空航天、交通运输、机械加工等领域得到了广泛的应用，近几年在电子封装壳体中的应用受到越来越多的关注[188,189]。但是过共晶铝硅合金中粗大的初生硅和针状的共晶硅降低了其力学性能，因此对过共晶铝硅合金也常常需要进行变质处理来改变硅的形貌和尺寸。近年来，稀土元素对过共晶铝硅合金中硅相的影响受到了广泛的关注，并取得了一定的进展，但是稀土元素对初生硅变质效果的认识还存在较大的分歧，有人认为稀土元素对初生硅变质效果较好[64,112,114]，而有人认为稀土元素对初生硅没有变质效果[111,113]。到目前为止，稀土 Eu 元素对过共晶铝硅合金中初生硅的影响从未报道过。由第 3 章可知，Eu 元素与 P 元素在亚共晶铝硅合金中有很强的交互作用，因此 Eu 元素对过共晶 Al-Si 合金中硅相的影响规律，尤其是其对初生硅的变质效果，可能会受到熔体中 P 元素的影响。因此，本章选用过共晶 Al-16Si 合金为研究对象，首先探究了不同含量 Eu 元素对高纯 Al-16Si 合金中硅相的影响规律，进一步研究了 Eu 元素和 P 元素复合变质对工业 Al-16Si 合金中硅相的影响，以期达到组织中初生硅和共晶硅的双重变质效果，进一步提高合金的力学性能。

4.2　Eu 对高纯 Al-16Si 合金中硅相的变质

关于稀土元素对初生硅变质效果的认识存在较大的分歧的原因可能是由于合金不纯，大多数文献在研究稀土元素对过共晶 Al-Si 合金中初生硅的影响时并未考虑合金中的 P 元素的影响，而稀土与 P 元素的交互作用很可能影响了稀土对初生硅的变质效果。因此本节首先选用高纯的 Al-16Si 合金为研究对象，系统地研究了 Eu 对高纯过共晶 Al-16Si 合金中硅相的变质行为，尤其是 Eu 元素对高纯合金中初生硅的变质行为，这对阐明稀土元素对初生硅的变质机制具有重要的理论意义。

本实验选用 5NAl(99.999%)和 5NSi(99.999%)制备的高纯过共晶 Al-16Si 合金为研究对象，通过加入不同含量的 Eu 元素来观察其对合金中硅相的变化规律，实验的冷却速度约为 20 ℃/s。5NAl 和 5NSi 的化学成分如表 3.1 和表 3.2 所示，合金的名义成分如表 4.1 所示。

表 4.1　高纯 Al–16Si 合金的名义成分

样品	Si（wt.%）	Eu（wt.%）	Al
E1	16	0	剩余
E2	16	0.05	剩余
E3	16	0.1	剩余
E4	16	0.2	剩余

4.2.1　Eu 对高纯 Al-16Si 合金中硅相的影响

图 4.1 所示是不同含量的稀土 Eu 变质的高纯 Al-16Si 合金中初生硅的二维形貌的扫描照片。可以发现未变质的高纯 Al-16Si 合金中初生硅的尺寸

非常粗大，常常含有较多的分枝，其内部还会含有大量的空洞，如图 4.1（a）
所示。

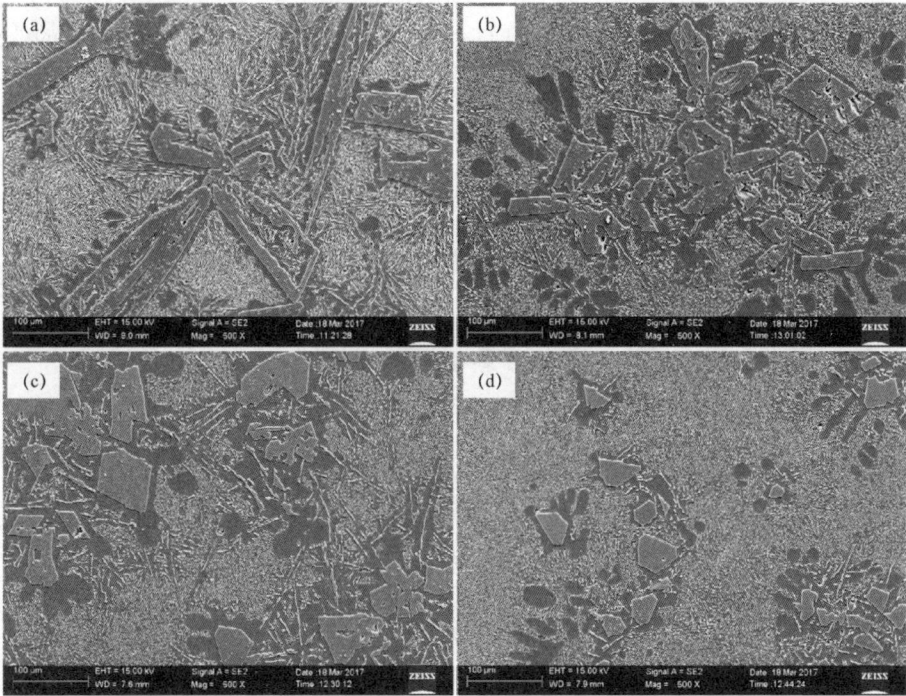

图 4.1　Eu 含量对高纯 Al-16Si 合金中初生硅形貌的影响

（a）未变质（b）0.05%Eu（c）0.1%Eu（d）0.2%Eu

　　当不同含量的 Eu 元素加入高纯 Al-16Si 合金后，初生硅的形貌和尺寸发
生了很明显的变化。当 Eu 的加入量为 0.05%时，初生硅的尺寸大幅度减小，
尽管具有分枝结构的初生硅仍然存在，但是分枝长度明显减小，此外在初生
硅内部仍然能发现空洞，如图 4.1（b）所示；当 Eu 的加入量为 0.1%时，初
生硅的尺寸进一步减小，大部分初生硅已经没有分枝或者分枝长度很小，初
生硅内部空洞大小和数量也发生了减小，如图 4.1（c）所示。当 Eu 含量为
0.2%时，合金中的初生硅变为尺寸很小的不规则多边形状，其内部致密，
不含有空洞，如图 4.1（d）所示。为了表征 Eu 元素对初生硅颗粒的影响，
采用 Image Pro Plus（IPP）软件对 500 倍扫描电镜下初生硅颗粒的数量、

平均尺寸和圆度进行了统计，其中圆度值越偏离 1，代表初生硅越偏离圆形。结果如图 4.2 所示。可以发现随着 Eu 含量的增加，初生硅的数量也越来越多，平均尺寸越来越小。当 Eu 含量由 0 增加到 0.2%时，初生硅的平均尺寸由未变质的 150 μm 减少到变质后的 30 μm，初生硅的圆度由未变质的 9.5 变为变质后的 3。

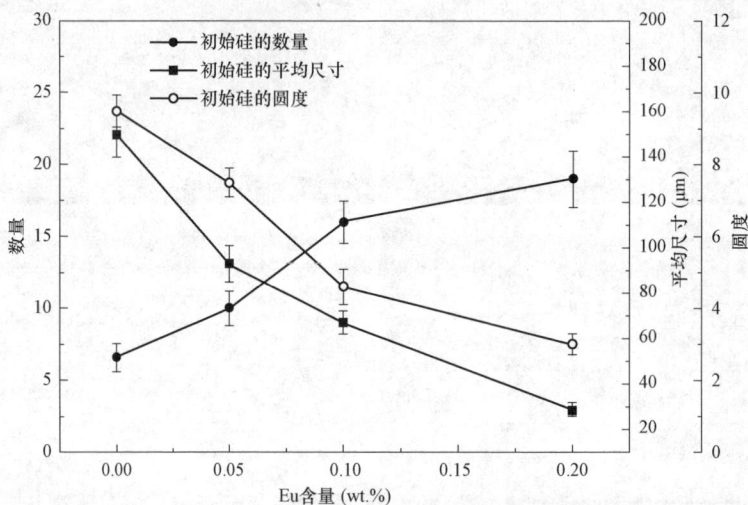

图 4.2　高纯 Al-16Si 合金中初始硅数量、平均尺寸及
圆度与 Eu 含量的关系

图 4.3 所示是不同含量的稀土 Eu 变质的高纯 Al-16Si 合金中共晶硅二维形貌的扫描照片，可以观察到 Eu 不仅对初生硅颗粒的尺寸和形貌产生了影响，对共晶硅颗粒的尺寸和形貌也产生了影响。图 4.3（a）显示未变质高纯 Al-16Si 合金中共晶硅是针状的。当加入稀土 Eu 含量为 0.05%和 0.1%时，组织中一部分共晶硅颗粒发生了纤维化，但是仍然有较多的针状共晶硅的存在，表现出了其发生部分变质的效果，如图 4.3（b）和图 4.3（c）所示。当加入稀土 Eu 含量为 0.2%时，组织中的共晶硅几乎全部发生了纤维化，如图 4.3（d）所示。因此，Eu 元素可以同时变质高纯 Al-16Si 合金中的初生硅和共晶硅，具有双重变质的效果。

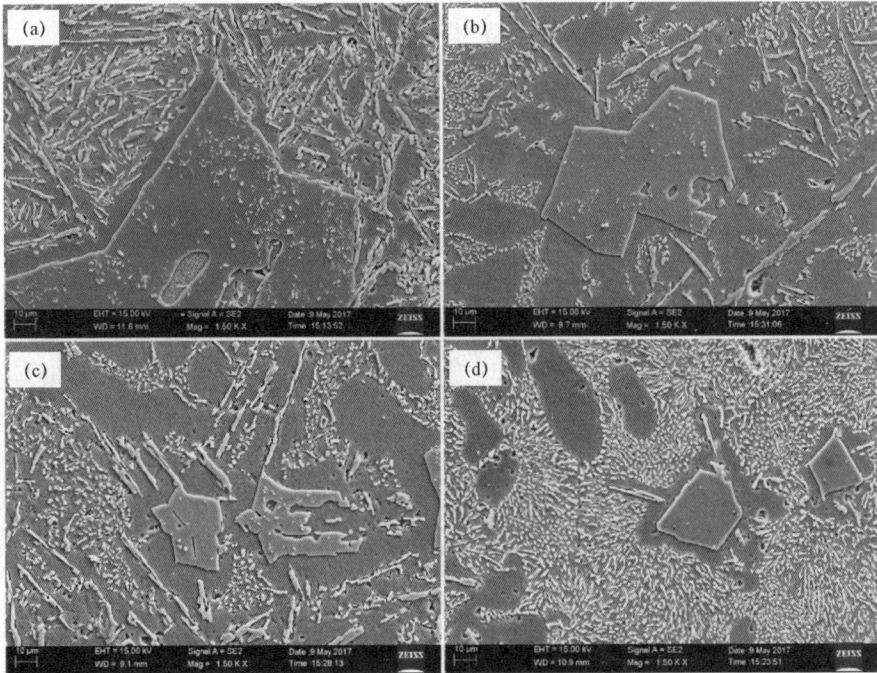

图 4.3　Eu 含量对高纯 Al-16Si 合金中共晶硅形貌的影响

（a）未变质（b）0.05%Eu（c）0.1%Eu（d）0.2%Eu

4.2.2　未变质高纯 Al-16Si 合金中初生硅的生长机制

通过对样品进行深腐蚀，可以观察到未变质高纯过共晶 Al-16Si 合金中初生硅的三维形貌，可以发现初生硅主要包含四种形态：五星柱状初生硅、五瓣状初生硅、板片状初生硅和八面体初生硅。其中五星柱状初生硅、五瓣状初生硅和板片状初生硅较为常见，而八面体状初生硅的数量较少。

图 4.4（a）和图 4.4（b）显示了五瓣状初生硅的二维形貌和三维形貌，可以发现其相邻分枝之间的夹角约为 70.5° 左右，它在三维空间中实际为柱状的结构。Pei[24]对五瓣状初生硅的结构进行了分析，指出它实际上是由五个四面体初生硅在 <110> 方向凝聚合并成一个十面体初生硅晶核后生长而来，而十面体晶核实际上是具有五重孪晶的晶体，这就导致其表面形成了五个 141° 孪晶凹槽。根据 TPRE 生长机制，硅在孪晶凹槽处的生长速度比较快，这就

导致了初生硅五个分枝的形成。值得一提的是，由于熔体的不均匀性，五瓣状初生硅在五个分枝方向上的生长并不是相同的，这就导致了五个分枝长度不一或某些方向上分枝的消失。

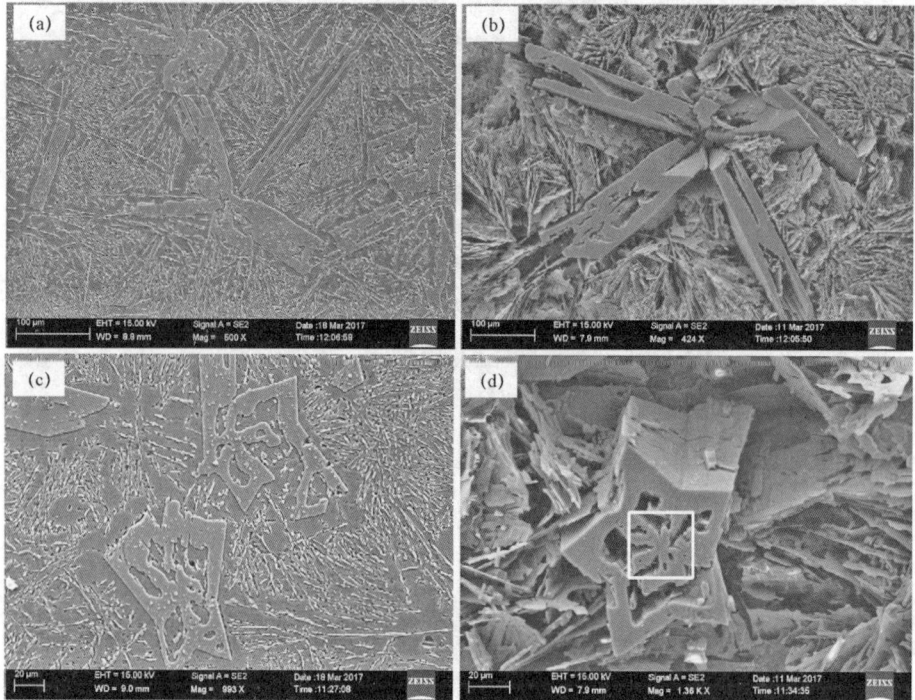

图 4.4　高纯 Al-16Si 合金中五瓣状初生硅和五星柱状初生硅的扫描照片

（a，b）五瓣状初生硅的二维和三维形貌（c，d）五星柱状初生硅的二维和三维形貌

　　图 4.4（c）和（d）显示了五星柱状初生硅的二维形貌和三维形貌。可以发现其二维形貌与"五角星"很相似，每相邻两个角在其表面形成了一个约 141° 的凹槽，而在三维空间也呈柱状的结构。尽管关于五星柱状初生硅的报道很少，但仔细观察可以发现这些五星柱状初生硅的内部均含有一个具有五个分枝的晶核，相邻分枝的夹角也为 70.5° 如图 4.4（d）中的方框所示。因此五星柱状初生硅也是由十面体晶核生长而来，图 4.5 为五星柱状初生硅的生长示意图。根据孪晶凹槽生长机制，孪晶凹槽处更容易接纳硅原子，这就会在孪晶凹槽上产生一些突起和生长台阶，如图 4.5（a）所示。这些台阶上杂质

元素的分布也是不均匀的，台阶两侧处的杂质元素很容易扩散到熔体中去，这就导致其周围的硅原子浓度比孪晶凹槽处的硅原子浓度高。Chernov[190]指出晶体的生长速度：

$$R = b^{T}(p)(\Delta T - m_{i}c_{i}) \tag{4.1}$$

其中 $b^{T}(p) > 0$，ΔT 为合金的过冷度，m_{i} 液相线的斜率，c_{i} 结晶过程中凝固界面前沿的杂质浓度。如果孪晶凹槽处杂质元素的浓度很高，导致 $\Delta T - mc_{i} < 0$，初生硅在孪晶凹槽处将停止生长。同时如果孪晶凹槽两侧的 {111} 面处杂质元素的浓度始终满足 $\Delta T - mc_{i} > 0$，这些台阶就会继续向两侧生长，导致它们的 {111} 面相互连接在一起，这就形成了五星状的轮廓，这也导致了五星柱状初生硅内部大空洞的形成。

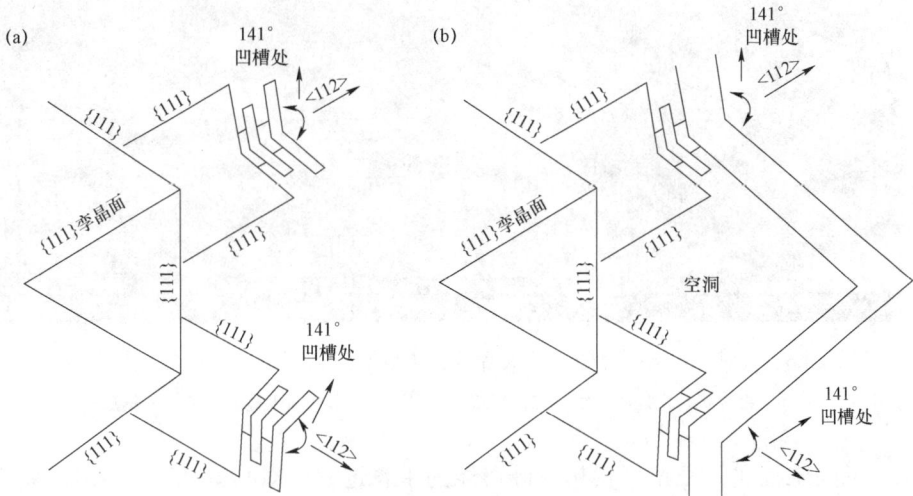

图 4.5　五星柱状初生硅生长示意图

（a）孪晶凹槽上的生长台阶（b）台阶在生长中相互连接

图 4.6（a）所示为板片状初生硅二维形貌的扫描图片，可以发现其形态与针状的共晶硅相似，其内部也含有很多的空洞。通过观察其三维形貌，发现板片状初生硅上下表面是两个近似等边的六边形，而六边形是由三个孪晶凹槽和三条孪晶棱边相互交替构成。如图 4.6（b）所示。除了上述板片状初生硅之外，组织中还含有少量的三角形状初生硅，其二维形貌如图 4.6（c）所

示。通过观察其三维形貌可以发现，三角形状初生硅的上表面是一个近似等边的三角形，除此之外，不同于六边形的板片状初生硅，其外表面不含有孪晶凹槽，如图4.6（d）所示。

图4.6　高纯Al-16Si合金中的板片状初生硅和三角形状初生硅的扫描照片

（a，b）板片状初生硅的二维和三维形貌　（c，d）三角形状初生硅的二维和三维形貌

图4.7描述了三角形状初生硅可能的生长过程。Kobayashi[106]指出，板片状初生硅的初期是由熔体中预存的两个四面体初生硅凝并而成。许长林[23]通过快速凝固的方法，发现了在过共晶Al-20Si合金的熔体中确实存在相互结合到一起的初生硅小颗粒，并且最有可能演变成为板片状初生硅。由于两个四面体组成的形状并不具有最小的表面积，所以在其后续生长过程中，为了降低其比表面积，两个尖端将发生钝化，致使在其上下表面形成了与孪晶面平行的密排面{111}面，如图4.7（a）所示。当其只含有一个孪晶面时，初生硅在孪晶凹槽的生长速度要比其在孪晶棱边上的速度要大，因此板片状初生硅

在生长时，孪晶棱边将会被拉长，而孪晶凹槽由于生长速度比较大逐渐消失，因此板片状初生硅的最终的形态将为三角形状的初生硅，如图 4.7（b）所示。

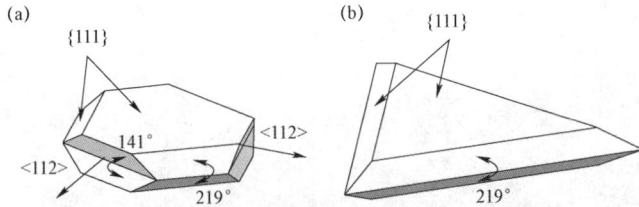

图 4.7　三角形状的初生硅生长示意图

除了上述常见的五星柱状初生硅、五瓣星形状初生硅和板片状初生硅之外，在合金的二维形貌中还发现了少量的不规则的多边形初生硅，如图 4.8（a）白色箭头所示。图 4.8（b）所示是一个有分枝的四边形初生硅，相邻分枝的角度约为 90°，它与上述的五瓣状初生硅有所不同。图 4.8（c）所示为有分枝的四边形初生硅的三维形貌，可以发现实际上它在相互垂直的六个方向上都具有分枝结构。许长林[23]经过研究发现这种形态其实是一种准八面体的形态。由于具有面心立方结构的硅晶体，在六个<100>方向上生长最快，垂直于{111}面的生长速度最慢，因此在生长初期，初生硅表面的一些在<110>方向突起将优先长大并形成一次分枝，一次分枝还会沿着<110>方向不断产生二次分枝。在继续生长的过程中，相邻的二次分枝相互连接，便形成了由八个{111}面构成的八面体初生硅，如图 4.8（d）所示。需要指出的是，准八面体形态的初生硅在其后续生长过程中并不一定能形成完整的不含缺陷的八面体初生硅。由于在{111}面中心处的杂质元素很难扩散到熔体中，而在初生硅棱边和尖角处的杂质元素很容易扩散到熔体中，因此{111}面中心处的硅元素浓度最小，这就导致了{111}面中心处的生长速度将降低或者停止生长，此时会在八面体初生硅的{111}面的中心处产生"凹陷"。此时如果八面体初生硅的棱边和尖角继续生长，就会最终形成含有分枝和空洞的八面体初生硅，如图 4.8（b）所示。许长林[191]通过对八面体初生硅顶角的生长速度 $V_{<100>}$ 和

{111} 面的生长速度 $V_{<111>}$ 进行计算，得出结论：当 $V_{<100>}$ 与 $V_{<111>}$ 的比值为 1.5 时，则初生硅颗粒最终的形态为完整的不含缺陷的八面体初生硅；当 $V_{<100>}$ 与 $V_{<111>}$ 的比值大于 1.5 时，则初生硅颗粒最终的形态为含有分枝和空洞的八面体初生硅。

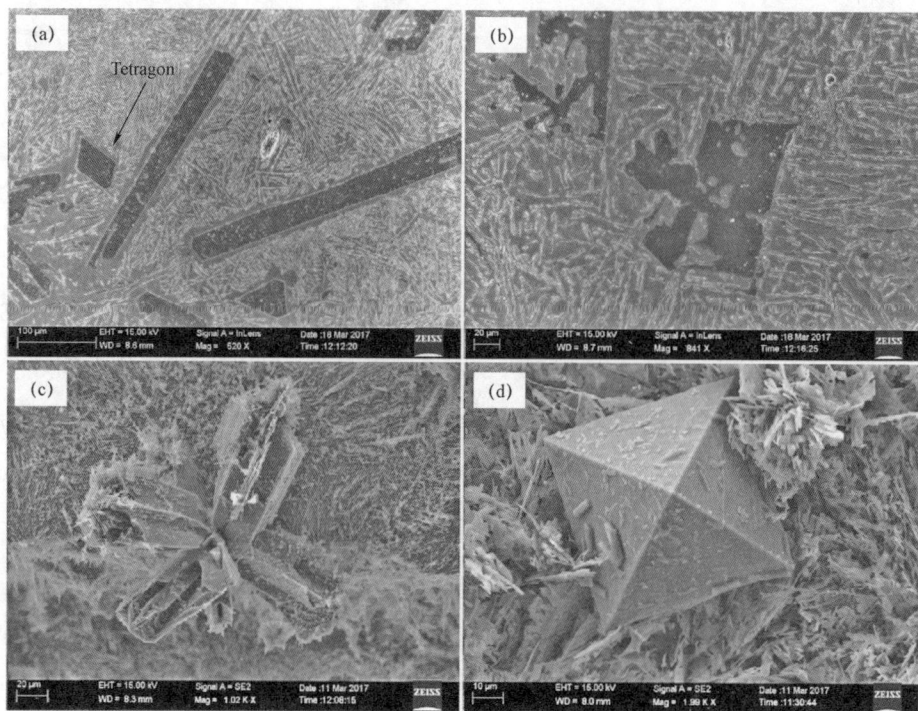

图 4.8　高纯 Al-16Si 合金中八面体初生硅的扫描照片
（a，b）八面体初生硅的二维形貌（c，d）八面体初生硅的三维形貌

4.2.3　Eu 对高纯 Al-16Si 合金中初生硅的变质机制

图 4.9 所示为不同 Eu 含量变质的高纯 Al-16Si 合金的冷却曲线，图中只显示了 550～650 ℃之间的温度变化。可以观察到未变质的高纯 Al-16Si 合金的冷却曲线中只能观察到共晶反应，而初生硅反应很难被观察到。这是由于高纯的 Al-16Si 熔体中缺乏初生硅的异质形核质点（如 AlP 颗粒），这就导致初生硅的析出需要很大的过冷度（形核温度接近共晶反应温度），这与 Liu[192]

测量的高纯 Al-15Si 合金的冷却曲线相似。同时，他还测量了含磷 300 ppm 的高纯 Al-15Si 合金的冷却曲线，发现由于 AlP 颗粒的异质形核作用，冷却曲线上观察到了初生硅的反应，发现其只比初生硅颗粒理论的析出温度低 2.6 ℃。但是在本试验中加入稀土 Eu 后，在变质后的 Al-16Si 的冷却曲线上却依然观察不到初生硅的反应，这就说明了稀土 Eu 对初生硅颗粒的细化作用与 AlP 颗粒不同，对初生硅的变质机制不可能是像 AlP 颗粒那样的异质形核机制。

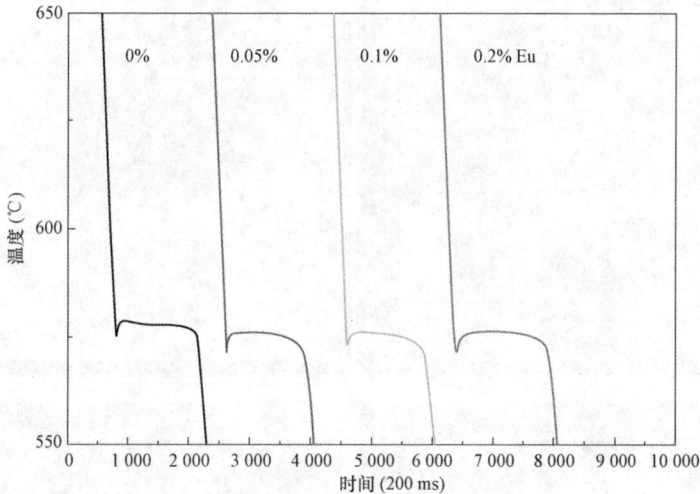

图 4.9　Eu 含量对高纯 Al-16Si 合金的冷却曲线的影响

为了研究 Eu 元素在 Al-16Si-0.2Eu 合金组织中的分布，用电子探针（EPMA）技术对合金组织中一个初生硅附近的区域进行面扫描分析。图 4.10（a）是扫描区域的背散射（BSE）图像，可以观察到初生硅颗粒周围常常被一层"铝"或者铝树枝晶所包裹，这是非平衡凝固导致的。由于 Eu 的原子序数远远大于 Al 和 Si，背散射（BSE）图像中富 Eu 相将会更亮，可以发现很多细小的富 Eu 相分布在初生硅颗粒周围的共晶组织中，由第 3 章衍射实验可知，这些细小的富 Eu 相为 Al_2Si_2Eu 相，这是由于共晶硅在生长时 Eu 元素吸附在其表面产生了溶质夹杂现象所致[11]。值得一提的是，第 3 章描述的 Eu 变质的亚共晶 Al-7Si 合金通常还含有粗大的 Al_2Si_2Eu 相，而在 0.2%Eu 变质的过共晶 Al-16Si 合金中，却只在共晶组织中发现了细小的 Al_2Si_2Eu 相。

图 4.10（d）是 Eu 元素在这个区域的面分布，可以发现 Eu 元素主要分布在初生硅颗粒周围的共晶组织中，圆圈所标注的位置很好地对应了共晶组织中白色的细小 Al_2Si_2Eu 相，而在初生硅内部没有明显的 Eu 元素富集，也不含有富 Eu 相，这再次说明了 Eu 对初生硅颗粒的细化并不是由于稀土相作为初生硅的异质形核质点导致的。

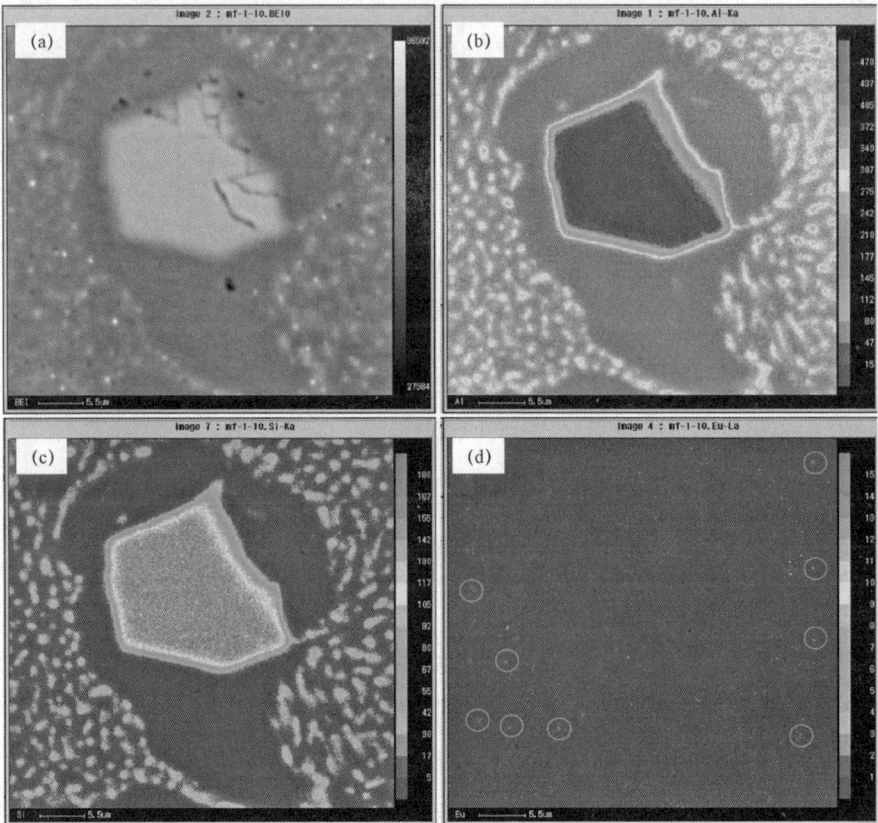

图 4.10　0.2%Eu 变质的高纯 Al-16Si 合金中初生硅的 EPMA 面扫描
（a）背散射图像（b）Al（c）Si（d）Eu

为了定性表征和对比初生硅颗粒内部和外部的元素分布，对 0.2%Eu 变质的高纯 Al-16Si 合金中初生硅颗粒做了 EPMA 线扫描。图 4.11（a）为合金组织中一个初生硅颗粒的背散射图像，图 4.11（b）为 Al、Si 和 Eu 元素沿着图 4.11（a）中黄线的分布图，可以看出稀土 Eu 在初生硅颗粒内部和其周围的铝枝晶中含量很少，而在共晶凝固区中的含量却很高。这说明了稀土 Eu 更容易被排斥到最后凝固区，而在初生硅颗粒上的吸附却很少。

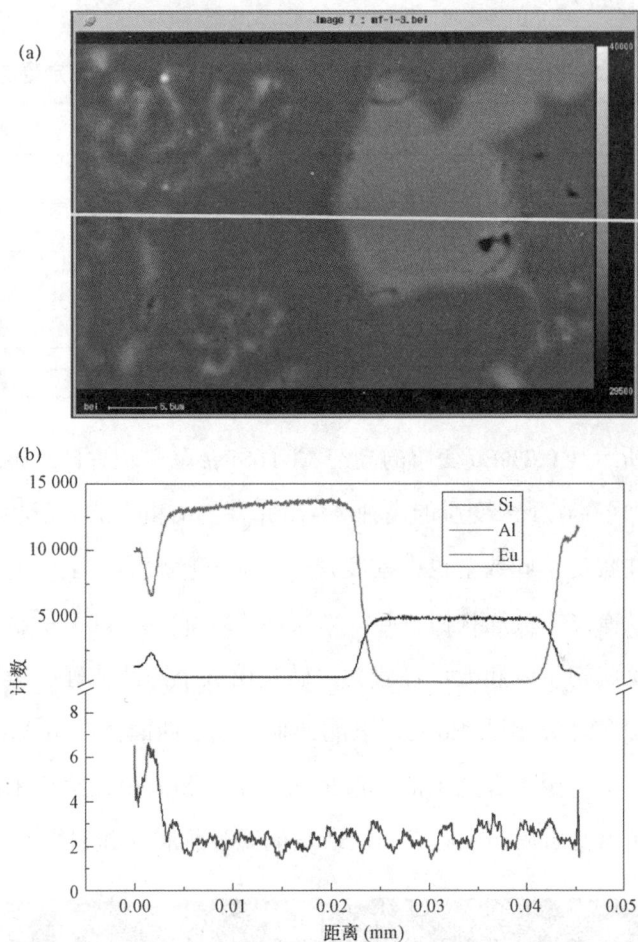

图 4.11　0.2%Eu 变质的高纯 Al-16Si 合金中初生硅的 EPMA 线分析
（a）背散射图像（b）Al、Si 和 Eu 元素的线分析

表 4.2 为 0.2%Eu 变质的高纯 Al-16Si 合金中初生硅内部的 EPMA 定量点分析结果，定量分析所用的标准样品为 Al、Si 和 EuF$_3$。表中随机列举了五个初生硅颗粒中所含 Al、Si 和 Eu 三种元素的原子百分比。可以看出初生硅晶体并不是纯硅，里面还含有少量的 Al 元素和 Eu 元素，其中 Al 元素的原子百分比大约为 0.5%～0.8%，而 Eu 元素的原子百分比只有 0～0.012%。因此可以

得出结论，Eu 元素在初生硅中的固溶度很低，在凝固过程中主要在初生硅的生长界面前沿富集，导致在其前沿形成溶质富集层，并在初生硅生长前沿形成了大的成分过冷。

表 4.2　0.2%Eu 变质的高纯 Al-16Si 合金中初生硅的 EPMA 定量点分析

初生硅编号	Si 元素（at.%）	Al 元素（at.%）	Eu 元素（at.%）
1	99.285	0.709	0.006
2	99.334	0.659	0.007
3	99.491	0.509	0.000
4	99.341	0.656	0.003
5	99.182	0.806	0.012

图 4.12 所示是 0.2%Eu 变质的高纯 Al-16Si 合金中初生硅三维形貌的扫描照片，可以发现存在于未变质的高纯 Al-16Si 合金中粗大的五瓣状初生硅完全消失，五星柱状初生硅数量也大幅度减少，而变质后的初生硅大都是八面体初生硅和低纵横比的板片状初生硅，如图 4.12（a）和（b）所示。由前面描述可知五瓣星状初生硅和五星柱状初生硅是由五个四面体硅团簇以五重孪晶的方式凝并发展而来。因此 Eu 元素可能抑制了五个四面体硅团簇凝并的过程，进而很大程度上减少了合金中的五瓣星状初生硅和五星柱状初生硅的数量。值得一提的是，变质后初生硅表面上通常能观察到胞状凸起。

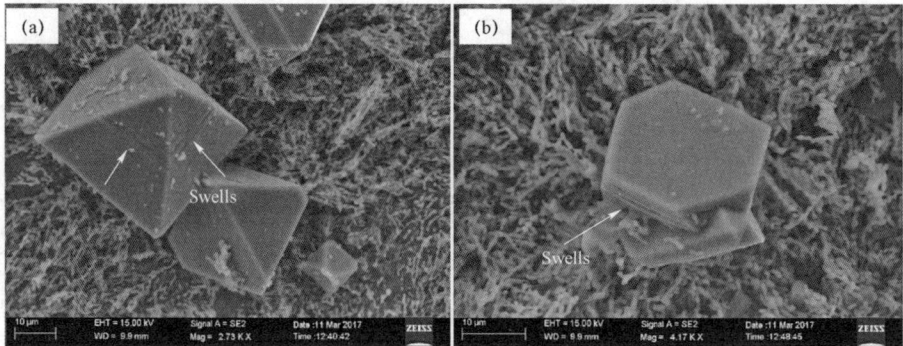

图 4.12　0.2%Eu 变质的高纯 Al-16Si 合金的中初生硅的三维形貌
（a）八面体初生硅（b）板片状初生硅

按照 Jackson 生长界面结构理论，硅晶体在不同成分过冷下有着不同的生长模式[136]，如图 4.13 所示。随着初生硅的生长，Eu 元素在其界面前沿富集程度增加，形成的成分过冷也随着初生硅的生长而加剧，这就使初生硅的生长界面呈不稳定状态，初生硅由平面生长向胞状或者树枝状生长转变，图 4.12（a）和图 4.12（b）中初生硅表面胞状凸出的存在也证明了这种成分过冷机制。此外，Eu 元素溶质富集层的存在一定程度上阻碍了硅原子的扩散，因此整体降低了初生硅的生长速度，细化了初生硅。

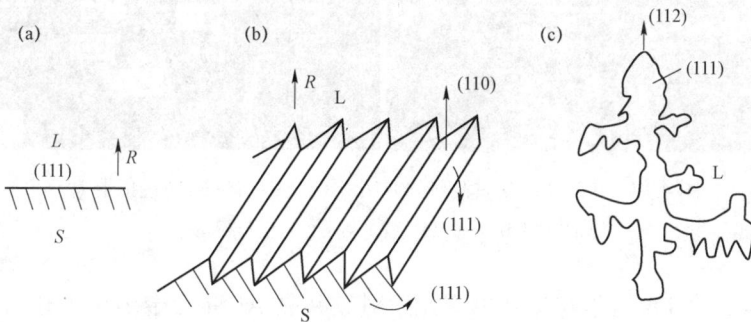

图 4.13　不同过冷条件下硅晶体生长的几种模式[136]

（a）平面生长（b）胞状生长（c）枝晶生长

图 4.14 为 0.2%Eu 变质高纯 Al-16Si 合金中初生硅的透射照片，晶带轴选用［011］$_{Si}$。结果显示变质后初生硅含有少量的平行孪晶线，通过对选区衍射花样标定，发现其孪晶面为{111}面，孪晶方向为＜112＞方向，这与第 3 章中 Eu 变质纤维状共晶硅中高密度的相交孪晶不同，如图 4.14（a）和图 4.14（b）所示。变质后的初生硅形貌虽然发生了一定的变化，但是硅的生长方式仍然为各向异性的小平面生长，因此稀土 Eu 元素对高纯 Al-16Si 合金中初生硅的变质机制不可能是 Eu 原子吸附导致的孪晶凹槽（TPRE）毒化机制和杂质诱导孪晶机制（IIT）。导致初生硅和共晶硅变质机制不同最主要的原因很可能是共晶硅和初生硅的生长环境不同，导致 Eu 元素的吸附程度不同所致。初生硅直接从液态的熔体中析出，尽管 Eu 元素在初生硅前沿有富集，但是很容易扩散到熔体中去，这就削弱了 Eu 元素在初生硅上的吸附作用。而共

晶反应时 Eu 元素的溶质富集程度已经很高，加上熔体温度的降低使稀土原子的扩散变得困难，因此此时 Eu 元素更容易吸附在共晶硅上，毒化了孪晶凹槽（TPRE），诱导产生了孪晶，使共晶硅转变成为纤维状。

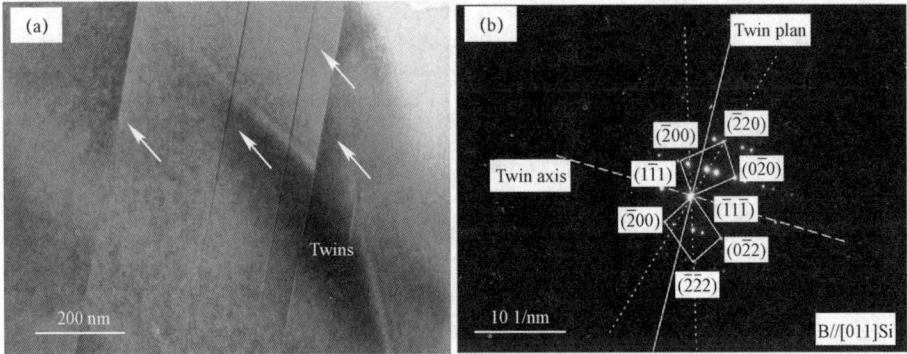

图 4.14　0.2%Eu 变质高纯 Al-16Si 合金中初生硅的透射照片
（a）透射明场像照片（b）对应的选区衍射花样

表 4.3 为 Eu 元素与文献报道元素对过共晶 Al-Si 合金中初生硅的变质行为对比。可以发现，尽管 Eu 元素与 Na 和 Sr 元素对共晶硅的变质行为相似，但是它们对初生硅的变质效果是不同的。Na[103]和 Sr[134]元素均可以使初生硅的形貌和生长方式发生改变，而 Eu 元素仅仅使初生硅的形貌转变成为多边形，而初生硅的生长方式仍然为各向异性的小平面生长。此外，Na[103-106]和 Sr[134]元素变质后的初生硅中都发现了高密度的相交孪晶，这也与 Na 和 Sr 元素在初生硅上的吸附有关。而 Eu 元素在初生硅上的吸附能力很弱，使得变质后初生硅内部只含有少量的平行孪晶，因此 Eu 元素主要富集在初生硅的生长前沿，产生了成分过冷，抑制了初生硅的生长。从表 4.3 还可以看出，稀土 Eu 元素对过共晶 Al-Si 合金中初生硅的变质效果与绝大多数文献[109,114,138,139]报道的其他稀土元素（如 La、Ce、Nd 和 Er 等）相同，它们均不能吸附在初生硅上来产生高密度的孪晶。也就是说绝大部分稀土元素对初生硅的变质机制都是相同的，均为成分过冷机制。

综上所述，Eu 元素对高纯 Al-16Si 合金中初生硅的变质机制不是孪晶凹槽（TPRE）毒化机制和杂质诱导孪晶机制（IIT），而是 Eu 元素的成分过冷机制。而 Eu 元素对高纯 Al-16Si 合金中共晶硅的变质机制则与第 3 章中 Al-7Si 中共晶硅的变质机制相同，也为杂质诱导孪晶机制（IIT）和孪晶凹槽（TPRE）毒化机制。

表 4.3　Eu 元素与其他元素对过共晶 Al–Si 合金中初生硅的变质行为对比

元素	r/r_{Si}	变质效果	变质含量（wt.%）	是否在初生硅上吸附	孪晶分布	变质机制
P[129]	0.93	多边形	0.03～0.06	否	平行孪晶	异质形核机制
Na[103]	1.64	球状	0.5	是	相交孪晶	吸附包裹机制
Sr[134]	1.84	树枝状	0.08	是	相交孪晶	吸附包裹机制
Eu	1.75	多边形	0.2	否	平行孪晶	成分过冷机制
La[109]	1.59	多边形	0.8	否	平行孪晶	成分过冷机制
Nd[138]	1.55	多边形	0.3	否	平行孪晶	成分过冷机制
Ce[114]	1.55	多边形	1.0	否	平行孪晶	成分过冷机制
Er[139]	1.75	多边形	0.5	否	平行孪晶	成分过冷机制

4.3　Eu 和 P 复合变质对工业 Al-16Si 合金中硅相的变质

由上一节可知，稀土 Eu 元素不仅可以变质高纯过共晶 Al-16Si 合金中的初生硅，还可以变质合金中的共晶硅，达到了双重变质的效果。而在工业生产上常常通过添加 P 元素的方法来细化过共晶 Al-Si 合金中的初生硅，因此工业过共晶 Al-Si 合金中不可避免地会存在杂质 P 元素。此外，虽然 P 元素对初生硅的细化作用很强，但是其对共晶硅却没有变质效果，为了进一步提高合金的力学性能，这也需要尝试加入 Eu 元素等来变质共晶硅。正如 3.2.1 节所述 Eu 元素和 P 元素之间有相互抵消的作用，因此研究稀土 Eu 和 P 复合变质对工业过共晶 Al-Si 合金中硅相的影响规律很有必要。本节首先研究了 Eu 和 P 各自对工业过共晶 Al-16Si 合金中硅相的变质行为，然后总结出 Eu 和 P 在工业 Al-16Si 合金中的交互作用机制，阐明 Eu 和 P 复合变质对合金中初生硅的变质机制。

本节将首先选用含微量杂质 P 元素的工业过共晶 Al-16Si 合金，其化学成分如表 4.4 所示。研究了不同含量的 Eu 和 P 元素各自对工业 Al-16Si 合金中硅相的影响规律。随后在含最佳 P 含量（0.06%）的工业过共晶 Al-16Si 合金中加入不同含量的 Eu 元素来考察 Eu 和 P 复合变质对工业 Al-16Si 合金中硅相的变质行为，金属模具的冷却速度约为 20 ℃/s。合金的名义成分如表 4.5 所示。

表 4.4　工业 Al-16Si 合金化学成分

样品	Si（wt.%）	Fe（wt.%）	P/ppm	Al（wt.%）
F1	16.3	0.19	<30	剩余

表 4.5　复合变质工业 Al-16Si 合金的名义成分

样品	Si（wt.%）	Eu（wt.%）	P（wt.%）	Al
F1	16	0	—	剩余
F2	16	0.05	—	剩余
F3	16	0.1	—	剩余
F4	16	0.2	—	剩余
G1	16	0	0.02	剩余
G2	16	0	0.04	剩余
G3	16	0	0.06	剩余
G4	16	0	0.08	剩余
G5	16	0	0.1	剩余
H1	16	0.1	0.06	剩余
H2	16	0.15	0.06	剩余
H3	16	0.2	0.06	剩余

4.3.1　Eu 和 P 对工业 Al-16Si 合金中硅相的影响

图 4.15 所示是不同含量 Eu 变质的工业 Al-16Si 合金的扫描照片。可以发现与 Eu 对高纯 Al-16Si 合金中共晶硅的变质规律一样，随着 Eu 含量的增加，共晶硅逐渐纤维化。然而值得关注的是，Eu 对初生硅的影响却与高纯 Al-16Si 合金不同。未加 Eu 变质前，由于工业 Al-16Si 合金中本身含有杂质 P 元素，相对高纯 Al-16Si 合金初生硅得到了一定程度的细化，其二维形貌为规则的多边形，如图 4.15（a）所示。然而，随着 Eu 元素的加入，初生硅发生了粗化，尤其是当 Eu 含量为 0.2%时，虽然共晶硅完全转变成了纤维状，但是初生硅的尺寸变得非常粗大，如图 4.15（b-d）所示。这说明单独加入 Eu 元素来达到实现工业 Al-16Si 合金中初生硅和共晶硅的双重变质是很困难的，Eu 元素与 P 元素对初生硅的细化作用很可能发生了相互抵消。那么是否可以考虑通过探索 Eu 和 P 复合变质来使它们对初生硅的细化作用相互促进，进而实现工业 Al-16Si 合金中的双重变质效果呢？为此，首先要弄清楚 P 元素含量对工业 Al-16Si 合金中硅相的影响规律。

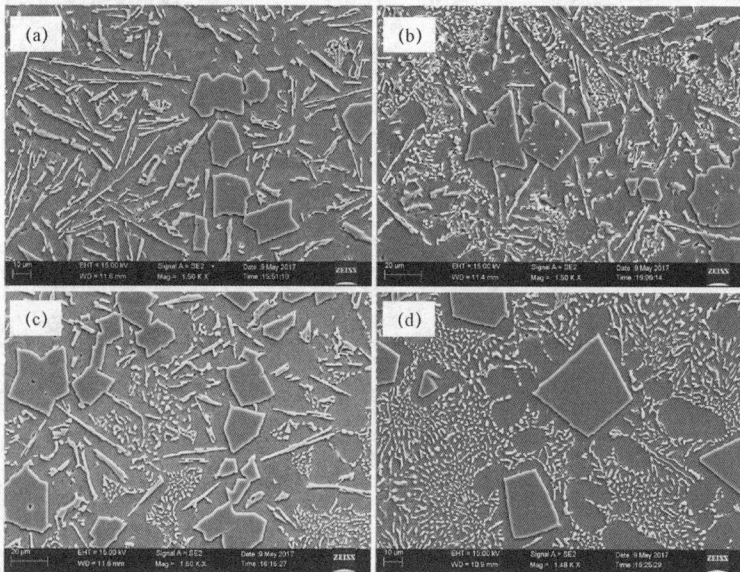

图 4.15　Eu 含量对工业 Al-16Si 合金中硅形貌的影响

（a）未变质（b）0.05%Eu（c）0.1%Eu（d）0.2%Eu

图 4.16 所示是不同含量 P 细化的工业 Al-16Si 合金中初生硅二维形貌的扫描照片。发现当加入的 P 含量低于 0.06%时，随着含 P 量的增加，初生硅的数量增加，尺寸减小，如图 4.16（a-d）所示。而当加入的 P 含量高于 0.06%时，继续增加 P 的含量，初生硅的尺寸反而出现了增大，如图 4.16（e）和（f）所示。导致初生硅平均尺寸增大的原因可能是当加入 P 含量很多时，形成的 AlP 颗粒容易发生聚集或碰撞形成更大的颗粒，使熔体中有效的形核质点减少所致。许长林[23]研究了不同含量的 Cu-P 合金对 Al-20Si 合金中初生硅的细化效果，也得到了相同的变化规律。因此为了使工业 Al-16Si 合金中初生硅达到最佳的变质效果，必须严格控制 P 的含量，前期实验表明加入的最佳 P 含量为

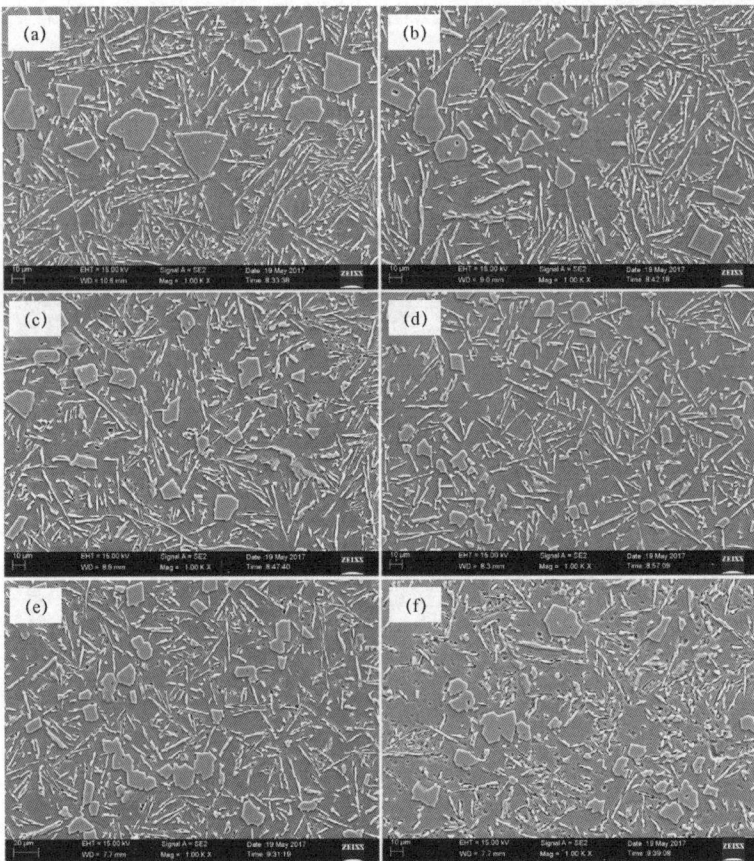

图 4.16　P 含量对工业 Al-16Si 合金中初生硅形貌的影响

（a）0（b）0.02%P（c）0.04%P（d）0.06%P（e）0.08%P（f）0.1%P

0.06%。这也说明在 Al-16Si-0.06P 合金中，AlP 颗粒将先于初生硅析出，由于
AlP 和 Si 具有相近的晶体结构和晶格常数，其将作为初生硅的异质形核质点，
从而导致了初生硅的细化。

4.3.2　Eu 和 P 复合变质对工业 Al-16Si 合金中硅相的影响

图 4.17 为 Eu 和 P 复合变质时工业 Al-16Si 合金中初生硅的扫描图片。
图 4.17（a）和图 4.17（b）分别为工业 Al-16Si 合金和 Al-16Si-0.06P 合金的
扫描图片，图 4.17（c-e）是分别添加稀土 Eu 含量为 0.1%、0.15% 和 0.2% 时

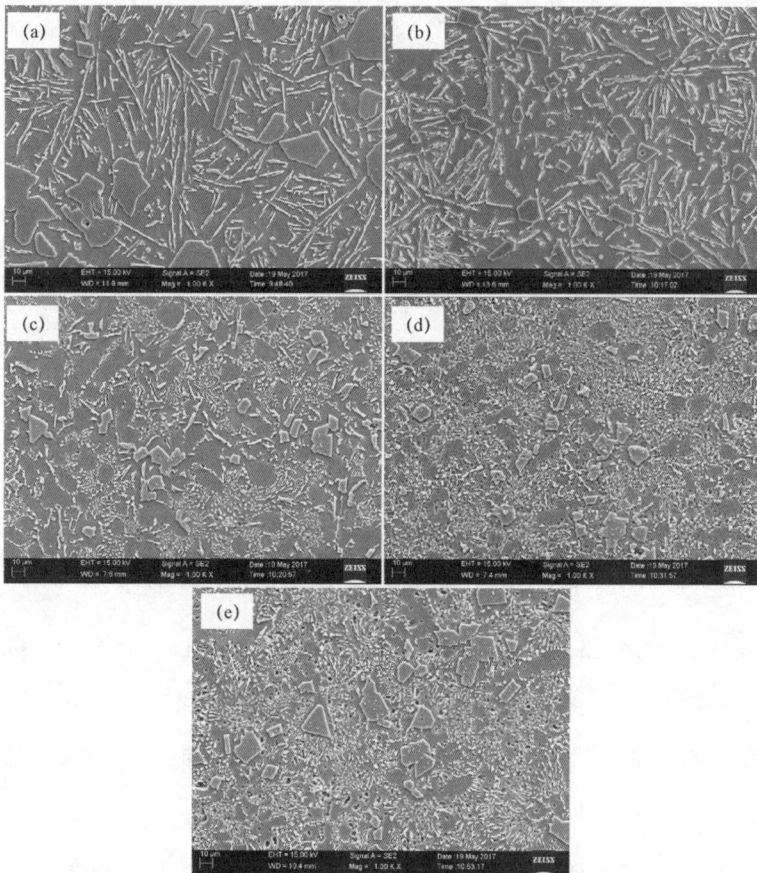

图 4.17　Eu 和 P 含量对工业 Al-16Si 合金中初生硅形貌的影响
（a）Al-16Si（b）Al-16Si-0.06P（c）Al-16Si-0.06P-0.1Eu，
（d）Al-16Si-0.06P-0.15Eu（e）Al-16Si-0.06P-0.2Eu

工业 Al-16Si-0.06P 合金中初生硅的二维扫描图片，可见 Eu 元素可以在 P 元素的基础上进一步细化了初生硅。

表 4.6 统计了不同 Eu 和 P 含量的工业 Al-16Si 合金中初生硅的数量、平均尺寸和圆度，其中圆度值越偏离 1，代表初生硅越偏离圆形。当只加入 0.06%P 时，初生硅数量增加，初生硅得到了很大程度的细化，圆度变小。如图 4.17（a）和图 4.17（b）所示。当向工业 Al-16Si-0.06P 合金中添加 0.1%Eu 时，进一步减小了初生硅的平均尺寸和圆度，初生硅的数量也得了少量的增加，如图 4.17（c）所示。继续添加稀土 Eu 含量为 0.15%时，初生硅的数量变化不大，但是初生硅的平均尺寸和圆度继续减小，如图 4.17（d）所示。当稀土添加量为 0.2%时，初生硅的平均尺寸和圆度反而增大，其数量也出现了减少，如图 4.17（e）所示。因此当 Eu 含量为 0.15%时，初生硅的具有最好的细化效果。

表 4.6　Eu 和 P 含量对工业 Al-16Si 合金中初生硅的平均尺寸、数量和圆度的影响

合金	平均尺寸/μm	数量	圆度
Al-16Si	25.4±3.2	9.5±1.8	4.9±0.9
Al-16Si-0.06P	14.1±1.9	22.3±2.9	3.7±0.6
Al-16Si-0.06P-0.1Eu	11.2±1.5	23.0±3.1	3.1±0.5
Al-16Si-0.06P-0.15Eu	10.5±1.2	22.8±2.5	2.6±0.4
Al-16Si-0.06P-0.2Eu	17.7±2.8	20.8±2.6	3.9±1.1

图 4.18 所示是 Eu 和 P 复合变质时工业过共晶 Al-16Si 合金中共晶硅二维形貌的扫描照片。图 4.18（a）显示未变质的工业过共晶 Al-16Si 合金中共晶硅颗粒的二维形貌为针状的。当添加 0.06%的 P 后，共晶硅颗粒的形貌没有发生改变，二维形貌仍然是针状的，如图 4.18（b）所示。当向工业过共晶 Al-16Si-0.06P 合金中添加 0.1%含量的稀土 Eu 后，大部分共晶硅颗粒都发生了纤维化，但是在组织中依然可以看到针状的共晶硅颗粒，表现出了部分变质的效果，如图 4.18（c）所示。继续添加稀土 Eu 元素含量为 0.15%时，针

状共晶硅颗粒全部转变成了纤维状，达到了完全变质的效果，如图 4.18（d）所示。当向工业过共晶 Al-16Si-0.06P 合金中添加 0.2%含量的稀土 Eu 后，共晶硅颗粒仍然为纤维状，没有出现过变质的现象。如图 4.18（e）所示。因此为了使组织中的共晶硅颗粒达到完全变质的效果，加入的稀土 Eu 含量必须超过0.15%。而当稀土 Eu 的含量为 0.15%时，初生硅颗粒具有最小的平均尺寸和圆度，实现了工业过共晶 Al-16Si 中初生硅和共晶硅的双重变质。

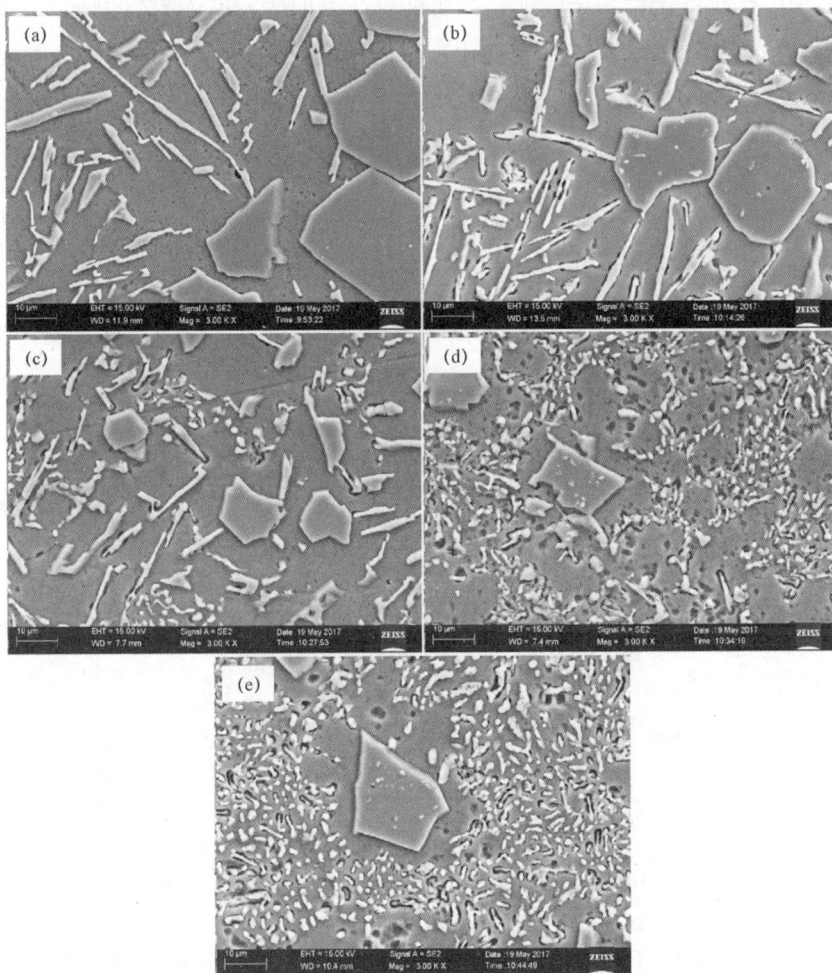

图 4.18　Eu 和 P 含量对工业 Al-16Si 合金中共晶硅形貌的影响

（a）Al-16Si（b）Al-16Si-0.06P（c）Al-16Si-0.06P-0.1Eu（d）Al-16Si-0.06P-0.15Eu，

（e）Al-16Si-0.06P-0.2Eu

4.3.3 Eu 和 P 复合变质对工业 Al-16Si 合金中冷却曲线的影响

图 4.19 所示为不同 Eu 和 P 含量变质的工业 Al-16Si 合金的冷却曲线，表 4.7 是冷却曲线上初生硅的反应平台温度。可以发现不同于高纯 Al-16Si 合金的冷却曲线，工业 Al-16Si 合金的冷却曲线在共晶反应之前出现了明显的拐点，这与初生硅的析出相对应。由于工业纯度的 Al-16Si 合金中含有异质形核质点 AlP 颗粒，使得初生硅能在较小的过冷度的时候就大量析出，尽管出现了拐点，但是却不像共晶反应那样出现再辉现象。然而当合金中再加入 0.06%P 时，初生硅的反应平台温度反而降低。Liu[192]指出只有析出相很多的时候才会有足够大的结晶潜热释放，才能导致温度升高，出现再辉。而当析出相很少的时候，由于结晶潜热释放很少，不足以立马在冷却曲线上体现出来，只有初生硅生长一段时间后放出的热量积累到一定程度后才会在冷却曲线上体现，并且不会引起温度的升高。因此，对初生硅而言，冷却曲线上斜率变化反应的更多是初生硅的生长而不是初生硅的形核。

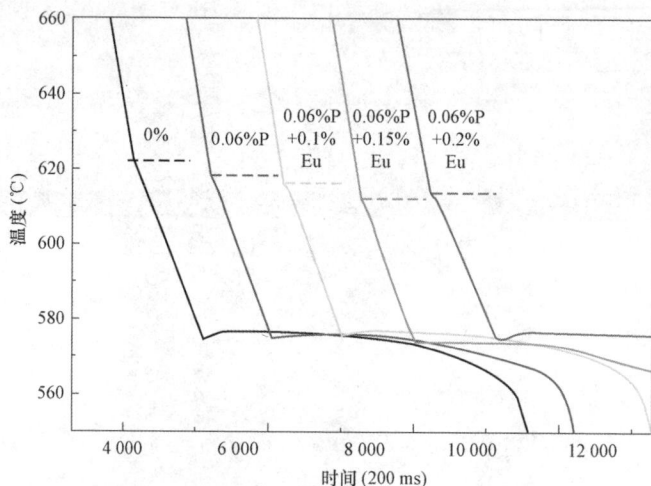

图 4.19　Eu 和 P 含量对工业 Al-16Si 合金的冷却曲线的影响

加入 0.06%P 细化后的初生硅生长速度较慢，致使潜热释放较慢，导致冷却曲线上初生硅反应平台温度降低。当继续加入 0.1%Eu 和 0.15%Eu 时，初生硅的反应平台温度继续下降，结晶潜热释放更慢，这反映了 Eu 元素对初生硅生长的阻碍作用，使初生硅的生长速度进一步下降，由 4.3.2 节中图 4.17（d）也可以看出此时初生硅尺寸最细小；继续添加稀土 Eu 至 0.2%时，初生硅的反应平台温度开始上升，这说明初生硅的变质机制开始发生改变，使初生硅的生长速度增大，由 4.3.2 节中图 4.17（e）也可以看出此时初生硅尺寸发生了增大。

表 4.7　**Eu 和 P 含量对工业 Al-16Si 合金冷却曲线上初生硅的反应平台温度的影响**

含量（wt.%）	0	0.06%P	0.06%P +0.1%Eu	0.06%P +0.15%Eu	0.06%P +0.2%Eu
初生硅的反应平台温度/℃	621.7	617.9	615.2	611.5	612.5

图 4.20（a）为 0.15%Eu 变质的 Al-16Si-0.06P 合金中一个初生硅的扫描图片，常常在初生硅颗粒的内部观察到一个黑色颗粒。4.20（b-e）是图 4.20（a）中初生硅的 EDX 面扫描图，可以发现黑色颗粒富含 Al、O 和 P 元素，为 AlP 颗粒。在 0.1%Eu 和 0.15%Eu 变质的工业 Al-16Si-0.06P 合金中没有发现 Eu

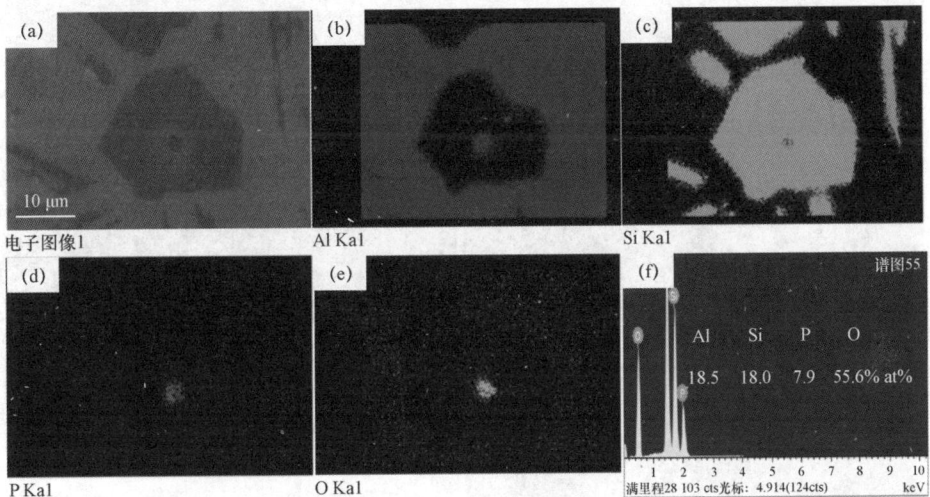

图 4.20　含 Eu 量为 0.15%的工业 Al-16Si-0.06P 合金中初生硅 EDX 分析
（a）SEM 图像（b）Al（c）Si（d）P（e）O（f）图（a）中黑色颗粒的 EDX 点分析

和 P 形成的金属间化合物，因此熔体中的 AlP 颗粒仍然能作为初生硅的异质形核质点。而 Eu 元素在初生硅生长前沿富集，产生了成分过冷，则阻碍了初生硅的生长，同时 Eu 元素吸附在共晶硅上，使共晶硅转变成为纤维状，这也与微观组织和冷却曲线分析的结果相符。

而在 0.2%Eu 变质的 Al-16Si-0.06P 合金中，除了初生硅内部的黑色颗粒，在共晶组织中也发现了黑色颗粒的存在。图 4.21（a）所示为一个内部含有黑色颗粒的初生硅，EDX 点分析表明黑色颗粒中含有 Al、P、Eu 和 O 元素，如图 4.21（b）所示。图 4.21（c）所示为一个位于共晶组织中的黑色颗粒，它对初生硅没有起到异质形核的作用，高倍图片显示其形状很不规则。EDX 点分析表明它与初生硅内部的黑色颗粒为同一物相，如图 4.21（d）所示。由于它们仍然可以作为初生硅的形核质点，推测它们很可能是 Eu 固溶于 AlP 颗粒

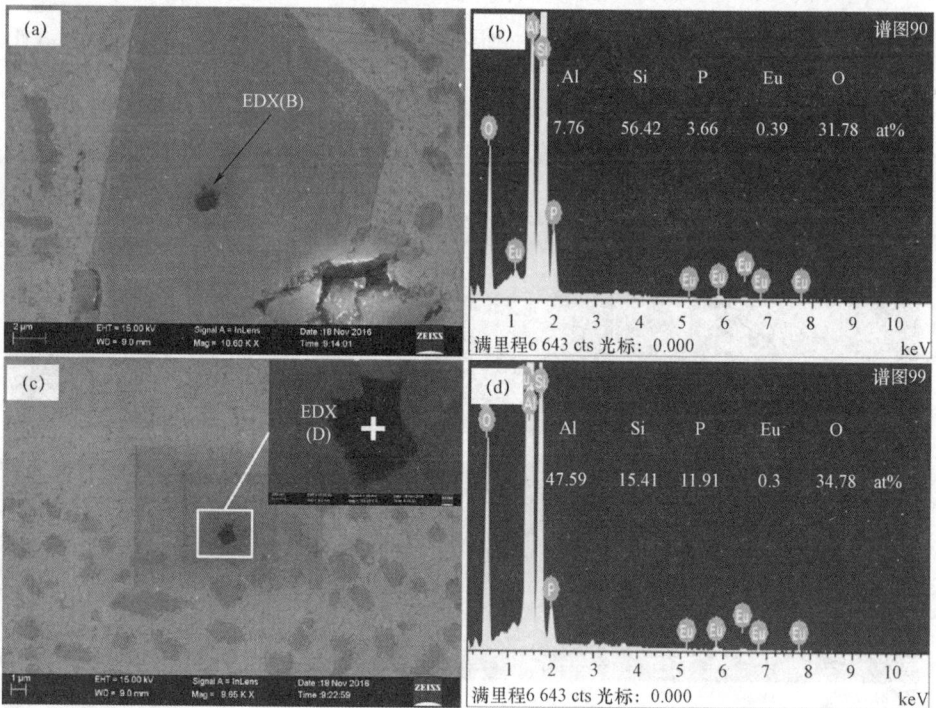

图 4.21　含 Eu 量为 0.2%的工业 Al-16Si-0.06P 合金中富 P 颗粒的扫描图片

（a）初生硅内部的富 P 黑色颗粒（b）图（a）中黑色颗粒的 EDX 点分析，

（c）Al-Si 共晶组织中的富 P 黑色颗粒（d）图（c）中黑色颗粒的 EDX 点分析

形成了（Al，Eu）P 相，削弱了其对初生硅的异质形核能力，这与 3.2.4 节描述的 Al-7Si 合金中（Al，Eu）P 相同，也与其微观组织中初生硅尺寸增大和冷却曲线分析中初生硅反应平台温度升高的实验结果相符。

图 4.22 以含工业 Al-16Si-0.06P 为例，阐述了不同含量 Eu 变质时合金可能的凝固过程及毒化机制：

（1）当合金中不加 Eu 元素时，AlP 颗粒在较高的温度析出，随着熔体温度的降低，初生硅在 AlP 上形核并长大，细化了初生硅；当熔体降至共晶温度后，板片状的共晶硅形成，示意图如图 4.22（a）所示。此时初生硅的变质机制为 AlP 颗粒的异质形核机制。

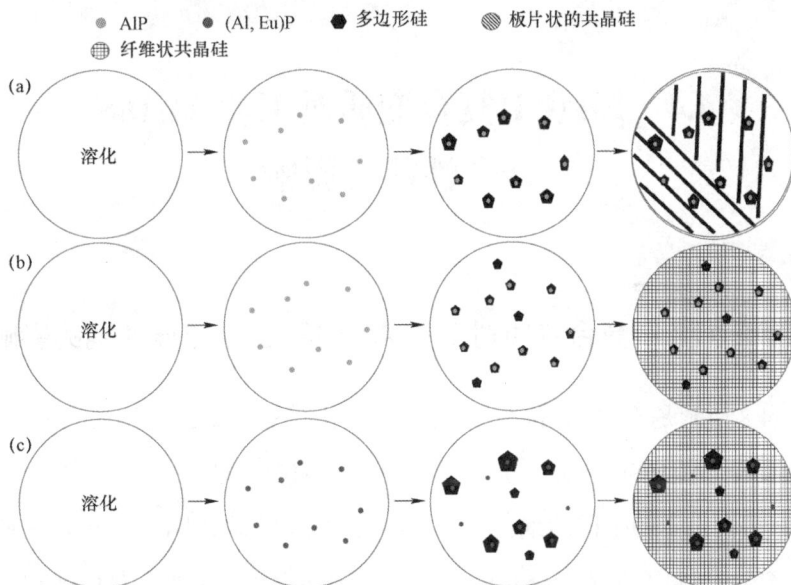

图 4.22　Eu 含量对 Al-16Si-0.06P 合金的凝固过程及毒化机制的影响
（a）0（b）0.1%和 0.15%（c）0.2%

（2）当加入 0.1%Eu 和 0.15%Eu 时，由于 Eu 元素浓度较低，AlP 颗粒仍然可以作为初生硅的异质形核质点，此时，Eu 元素在初生硅前沿的富集，阻碍了初生硅的生长，同时产生了较大的成分过冷，进一步细化了初生硅；当熔体降至共晶温度后，Eu 元素还可以吸附在共晶硅上导致纤维状共晶硅的形成，示意图如图 4.22（b）所示。此时初生硅的变质机制为 AlP 颗粒的异质形核机制和 Eu 元素的成分过冷机制共同作用。

（3）当 Eu 的加入量为 0.2%时，Eu 元素浓度较高，Eu 固溶于 AlP 颗粒中，这在一定程度上削弱了 AlP 颗粒对初生硅的异质形核作用。尽管 Eu 元素在初生硅生长前沿富集产生的成分过冷依然存在，但是 AlP 颗粒的被消耗的作用更加显著，这导致初生硅的尺寸的增大；当熔体降至共晶温度后，Eu 元素仍然可以吸附在共晶硅上来形成纤维状共晶硅，示意图如图 4.22（c）所示。此时初生硅的变质机制为 AlP 颗粒的异质形核机制、Eu 元素对 AlP 颗粒的消耗机制和 Eu 元素的成分过冷机制。

4.4 Eu 和 P 复合变质对工业 Al-16Si 合金性能的影响

4.4.1 Eu 和 P 复合变质对工业 Al-16Si 合金拉伸性能的影响

表 4.8 所示是不同 Eu 和 P 含量的工业 Al-16Si 合金的抗拉强度和延伸率。未变质工业 Al-16Si 合金的抗拉强度为 127 MPa，延伸率为 4.7%。当加入 0.06%P 后，由于初生硅的细化，合金的抗拉强度增加到 140 MPa，延伸率增加到 6.6%。当向工业 Al-16Si-0.06P 合金中加入稀土 Eu 含量为 0.1%时，合金的抗拉强度增加到 145 MPa，延伸率也增加到了 6.9%。当加入稀土 Eu 含量至 0.15%时，抗拉强度的变化不大，但是合金的延伸率达到了 9.8%。当继续增加稀土 Eu 含量至 0.2%时，抗拉强度依然变化不大，但是合金的延伸率出现了降低。因此为了得到最优的力学性能，稀土的 Eu 的最佳添加量为 0.15%，与只加磷元素的合金相比，抗拉强度虽然只提高了 3.5%，但是延伸率却提高了 48%。

表 4.8 Eu 和 P 含量对工业 Al-16Si 合金的拉伸性能的影响

合金	抗拉强度/MPa	伸长率/%
Al-16Si	127.0±5.0	4.7±0.7
Al-16Si-0.06P	140.7±11.0	6.6±3.0
Al-16Si-0.06P-0.1Eu	145.8±1.6	6.9±0.3
Al-16Si-0.06P-0.15Eu	144.8±2.5	9.8±1.0
Al-16Si-0.06P-0.2Eu	145.4±2.2	8.1±0.5

图 4.23 所示为不同 Eu 和 P 含量的工业 Al-16Si 合金的拉伸断口的扫描照片。未变质的工业 Al-16Si 合金的拉伸断口主要由大量的解理面组成，表明其断裂为脆性断裂。断口表面还发现了裸露的大尺寸的开裂的颗粒，能谱点分析证明它们是初生硅颗粒，如图 4.23（a）所示。由于未变质的 Al-16Si 合金中存在尺寸、圆度较大的初生硅和板片状的共晶硅，它们严重地割裂了基体，因此裂纹很容易在它们与基体的界面处产生[193]。此外，由于硅是脆性相，裂纹很容易在初生硅颗粒上萌生，导致初生硅的解理断裂，因此未变质合金具有低的抗拉强度和低的延伸率。

图 4.23（b）为添加磷元素含量为 0.06%的工业 Al-16Si 合金的断口形貌。可以发现其断裂仍然为脆性断裂，只不过解理面的尺寸比未变质时的小，其表面也很少发现裸露开裂的初生硅，这与 P 元素对初生硅颗粒的细化作用有关。当向工业 Al-16Si-0.06P 合金中加入 0.1%Eu 后，除了解理面之外，其拉伸断口还发现了少量的韧窝的存在，如图 4.23（c）所示，这与初生硅的进一步细化和共晶硅的部分变质有关。当继续添加稀土含量至 0.15%时，断裂表面出现了大量的韧窝，如图 4.23（d）所示。这是由于共晶硅颗粒完全纤维化，对基体的割裂作用大大降低，表现出了很好的塑性，此时合金的断裂方式为脆性断裂和塑性断裂的混合断裂方式。图 4.23（e）显示了当加入稀土含量为 0.2%时，虽然大量韧窝仍可以被发现，但断口表面也发现了裸露的开裂的初生硅颗粒，这与初生硅颗粒尺寸的增大有关。

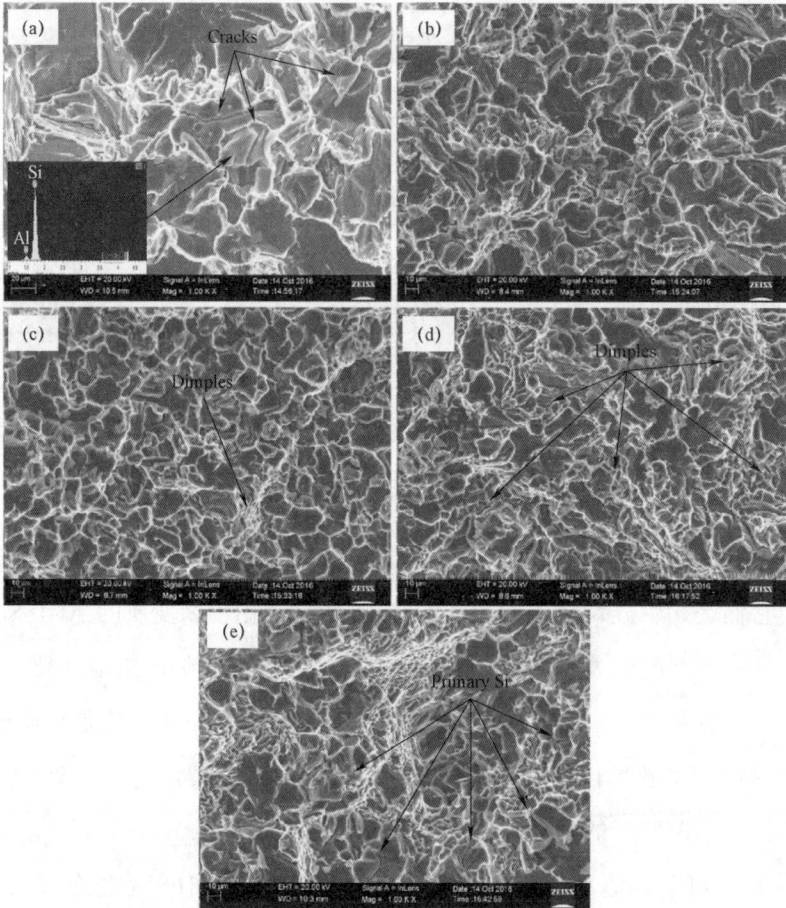

图 4.23　Eu 和 P 含量对工业 Al-16Si 合金的断口形貌的影响

（a）Al-16Si（b）Al-16Si-0.06P（c）Al-16Si-0.06P-0.1Eu（d）Al-16Si-0.06P-0.15Eu，

（e）Al-16Si-0.06P-0.2Eu

胡慧芳[109]研究了过共晶 Al-25Si 合金的断裂机制，她认为裂纹主要来自两方面：一是颗粒与基体之间的裂纹，二是硅颗粒自身的开裂。Gurland[194]提出了颗粒与基体之间产生微裂纹的力学条件为：

$$\sigma_i = \frac{1}{K}\left(\frac{E\gamma}{d}\right)^{\frac{1}{2}} + \frac{\sigma_S}{K}\left(\frac{\Delta V}{V}\right)^{\frac{1}{2}} \tag{4.2}$$

其中 σ_i 为微裂纹产生时所需拉应力，K 为应力集中系数，γ 为断裂表面能，E 为颗粒与基体的弹性模量加权平均值，d 为颗粒的尺寸，σ_S 为基体的屈服强度，ΔV 为颗粒周围基体的变形体积，V 为颗粒的体积。由式 4.2 可知，硅的尺寸越小，d 值就越小，形状越圆整，应力集中系数 K 就越小，这会导致在颗粒与基体之间产生微裂纹时所需要的拉应力越大。因此初生硅颗粒尺寸细小，圆化以及共晶硅的纤维化都会导致硅颗粒与基体之间的结合强度增加。

另一方面，在拉伸过程中，由于铝基体具有较好的塑性，因此在铝基体的滑移面上会产生大量的刃型位错。当位错遇到硅颗粒时，就会在其界面处产生位错塞积，形成拉应力场。由于硅的强度很低，一旦拉应力场的强度大于其自身强度，硅颗粒就会开裂，其产生裂纹的条件为[194]：

$$\tau_C - \tau_S \geqslant \left[\frac{4E\gamma_C}{\pi(1-\mu^2)d} \right]^{\frac{1}{2}} \qquad (4.3)$$

其中 τ_C 为滑移面上的切应力，τ_S 为位错运动的内摩擦力，$\tau_C - \tau_S$ 为位错的有效切应力，E 为颗粒的弹性模量，γ_C 为颗粒的比表面能，d 为颗粒的尺寸，μ 为泊松比。从式 4.3 中可知，颗粒尺寸越小，不等式的右边越大，硅颗粒自身不易开裂。

综上所述，Eu 和 P 复合变质导致工业 Al-16Si 合金力学性能提高的原因主要包括以下两个方面：

（1）稀土 Eu 与 P 联合作用导致了初生硅颗粒尺寸的减小，形状越圆整，这会导致初生硅颗粒与基体的结合强度增强，初生硅自身也不易于开裂；0.2%Eu 变质后，塑性的降低则是由于初生硅颗粒尺寸的增大，导致其与基体结合强度降低，自身易于开裂导致的。

（2）复合变质后组织中的共晶硅由板片状完全变成了纤维状，这大大减少了应力集中。尤其是在初生硅颗粒附近的纤维状共晶硅可以改变裂纹的扩张方向并使裂纹尖端钝化，从而阻碍了裂纹的快速发展，提高其断裂韧性。

4.4.2　Eu 和 P 复合变质对工业 Al-16Si 合金耐磨性能的影响

过共晶铝硅合金经常作为耐磨材料广泛用在汽车领域中，因此考察 Eu 和

P 复合变质对工业过共晶 Al-16Si 合金耐磨性能的影响也是很重要的。图 4.24 为不同 Eu 和 P 含量的工业 Al-16Si 合金的摩擦系数随时间的变化曲线和平均摩擦系数。由图 4.24（a）可知，摩擦系数在开始阶段随着时间的增加逐渐增大，后进入稳定的状态，它们分别对应材料在正常磨损过程中的跑合磨损阶段和稳定磨损阶段。一般跑合磨损阶段出现在磨损的初始，由于试样和对偶件的表面刚开始并不是光滑的，而是由很多微凸体组成，因此两表面主要是

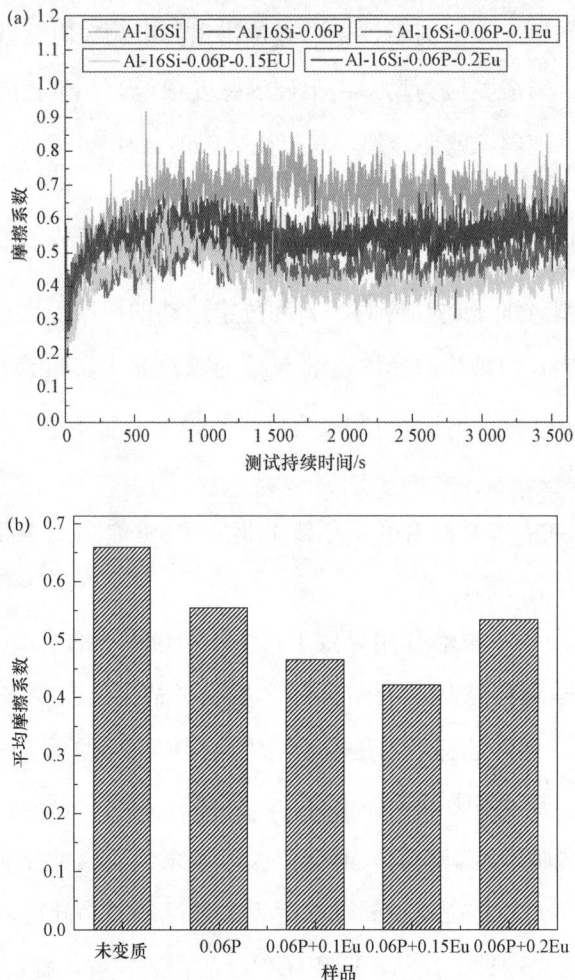

图 4.24 Eu 和 P 含量对工业 Al-16Si 合金的摩擦系数的影响

（a）摩擦系数随时间的变化（b）平均摩擦系数

通过微凸体相互接触，因此接触面积小，接触应力大[195]。随着磨损的进行，摩擦表面加工硬化，实际接触面积逐渐变大并趋于稳定。对比图 4.24（a）中曲线可以看出，未变质合金跑合阶段的时间大约为 10 min，变质对材料磨损的跑合阶段的时间影响不大，它主要是由载荷和摩擦副的相对运行速度来决定的。此外，未变质合金的摩擦系数随时间的变化波动比较大，有的峰值接近于 1，而变质后的合金的摩擦系数随时间的变化相对平稳。

图 4.24（b）为不同 Eu 和 P 含量的工业 Al-16Si 合金的平均摩擦系数，可以发现，经过变质处理后的平均摩擦系数均低于未变质的合金，其中当加入 P 含量为 0.06%、稀土 Eu 含量为 0.15%时，具有最低的平均摩擦系数，说明在微凸体之间的磨屑的数量最少。继续增加稀土的含量至 0.2%，平均摩擦系数反而升高。

图 4.25 为不同 Eu 和 P 含量的工业 Al-16Si 合金的体积磨损率，即材料在单位滑动距离内的体积减小量。可以观察到，复合变质后合金的磨损率都比较低，当加入 P 含量为 0.06%、稀土 Eu 含量为 0.15%时，合金最有最好的耐磨性，与未变质的工业 Al-16Si 合金相比，其磨损率降低了 35.9%。继续增加其稀土的含量至 0.2%，磨损率反而升高，但是仍然低于单独加 0.06%的合金。

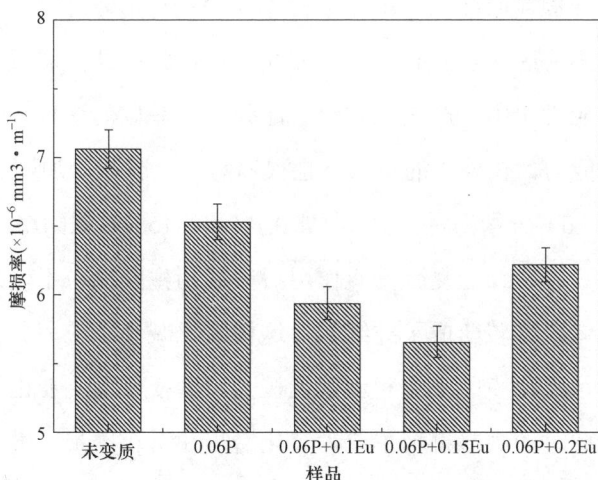

图 4.25　Eu 和 P 含量对工业 Al-16Si 合金的磨损率的影响

图 4.26（a）是未变质工业 Al-16Si 合金的磨损面。铝在摩擦热释放时很容易发生氧化，与空气中的氧气反应生成 Al_2O_3 薄膜。图 4.26（f）是未变质合金的磨损面中暗黑色区域的 EDX 点分析，结果显示其中 O 和 Al 的原子比为 1.5，说明氧化膜确实存在于磨损面上，氧化膜可以作为润滑剂来避免粗糙面的直接接触，进而降低摩擦系数，来减缓合金的磨损[135]。然而未变质的合金中含有粗大的初生硅和针片状的共晶硅，它们在磨损应力下很容易与铝基体之间产生微裂纹或者自身发生断裂，这就导致了硅颗粒从铝基体中部分或者全部脱离下来，这使未变质合金的磨损表面含有大量初生硅脱离留下来的凹坑，如图 4.26（a）所示。这些脱落的初生硅颗粒还会嵌入样品与对偶件之间，使原来的两体磨粒磨损转变为有外来颗粒参与的三体磨粒磨损[23]，加剧了试样的磨损，从而在磨损面上产生了宽而深的犁沟。此外，样品表面微裂纹的扩展和结合，导致了氧化膜的破裂，从而在磨损面上出现了层状或者鳞片状的剥落坑[196,197]。因此未变质合金的磨损机理主要包括剥层磨损、氧化磨损和磨粒磨损。

图 4.26（b）是仅有磷变质的工业 Al-16Si 合金的磨损面，与未变质合金相比，其表面上初生硅的脱落剥层减少，表面分布着大量细小而深的犁沟。这是由于初生硅颗粒的细化，增加了初生硅颗粒与基体之间的结合强度，使得初生硅颗粒不易脱落及开裂。尽管如此，板片状的共晶硅颗粒在外力作用依然可以引起应力集中，产生微裂纹。此外，共晶硅的这种三维形貌使其有较低的承载能力，在外力的作用下也很容易开裂脆断，加剧磨损。图 4.26（c）和图 4.26（d）分别为稀土 Eu 含量 0.1%和 0.15%时 Al-16Si-0.06P 合金的磨损表面形貌。合金经过复合变质作用后，其初生硅颗粒不仅尺寸细小，共晶硅也部分或者全部转变成了纤维状，这极大了减小了应力集中，提高了合金的承载能力，氧化膜的破损和剥落也极少，磨损表面主要由细小而浅的犁沟构成，因此此时的磨损机理主要为氧化磨损和磨粒磨损。继续增加其稀土的含量至 0.2%，由于初生硅的粗化，初生硅又变得容易脱落和开裂，脱落的初生硅颗粒充当外来颗粒嵌入样品与对偶件之间，加剧了试样的磨损，致使

磨损表面又出现了剥层和宽的犁沟，如图 4.26（e）所示。

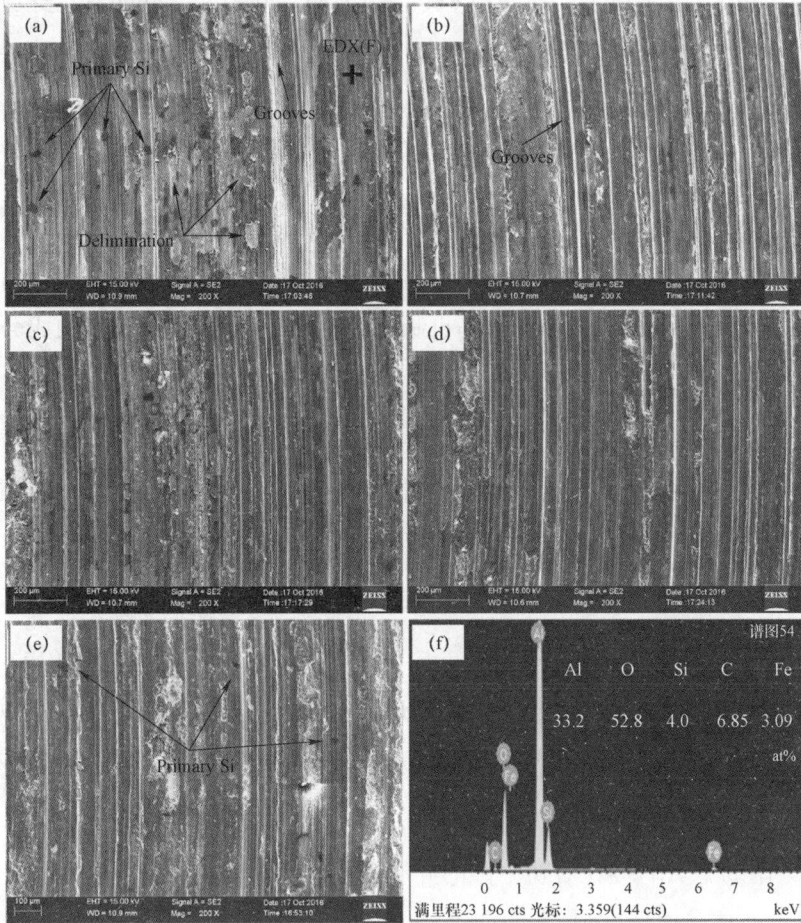

图 4.26　Eu 和 P 含量对工业 Al-16Si 合金的磨损面的影响

（a）Al-16Si（b）Al-16Si-0.06P（c）Al-16Si-0.06P-0.1Eu（d）Al-16Si-0.06P-0.15Eu，

（e）Al-16Si-0.06P-0.2Eu（f）图（a）中 EDX 点分析

4.5　小　结

本章研究了 Eu 对高纯 Al-16Si 合金中的硅相的变质行为和变质机制。研究了 Eu 和 P 复合变质对工业 Al-16Si 合金中硅相的变质行为和变质机制，研究了复合变质对合金性能影响，得出以下主要结论：

（1）Eu 元素实现了高纯 Al-16Si 合金中初生硅和共晶硅的双重变质。当 Eu 添加量为 0.2%时，未变质合金中粗大的五瓣状初生硅完全消失，其平均尺寸由未变质的 150 μm 减少到变质后的 30 μm，初生硅的圆度由未变质的 9.5 变为变质后的 3，同时组织中的共晶硅全部转变为纤维状。

（2）初生硅内部没有明显的 Eu 元素吸附，变质后初生硅内部含有少量的平行孪晶。Eu 元素对高纯 Al-16Si 合金中初生硅的变质机制不是孪晶凹槽（TPRE）毒化机制和杂质诱导孪晶机制（IIT），而主要是 Eu 元素的成分过冷机制。

（3）单独加入 Eu 和 P 元素不能实现工业 Al-16Si 合金中初生硅和共晶硅的双重变质。当向工业 Al-16Si 合金中同时添加 0.15%的 Eu 和 0.06%的 P 时，初生硅细化的同时，共晶硅完全转变为纤维状，达到了双重变质的效果。继续增加铕含量为 0.2%时，初生硅尺寸反而增大。

（4）当向工业 Al-16Si-0.06P 合金中加入 Eu 的含量为 0.1%和 0.15%时，组织中没有发现同时含 Eu 和 P 的金属间化合物，AlP 颗粒仍然可以作为初生硅的异质形核质点，此时初生硅的变质机制为 AlP 颗粒的异质形核机制和 Eu 元素的成分过冷机制。当 Eu 的加入量为 0.2%时，Eu 固溶于 AlP 中形成了（Al，Eu）P，削弱了 AlP 颗粒对初生硅的异质形核作用，此时初生硅的变质机制为 AlP 颗粒的异质形核机制、Eu 元素对 AlP 颗粒的消耗机制和 Eu 元素的成分过冷机制。

（5）Eu 和 P 复合变质显著提高了工业 Al-16Si 合金的力学性能。与未变质合金相比，当添加 Eu 含量为 0.15%，P 含量为 0.06%时，合金的抗拉强度提高了 14.1%，延伸率提高了 108%，体积磨损率降低了 35.9%，合金具有良好的拉伸和耐磨性能。

第 5 章

Eu 对 Al-40Zn-5Si 合金凝固过程中硅相的变质

5.1 引 言

通过第 3 章和第 4 章的研究发现，Eu 元素对二元亚共晶 Al-Si 合金中共晶硅的变质主要通过影响硅的形核和生长来发挥作用。在生长方面，Eu 元素可以吸附在共晶硅上来毒化孪晶凹槽（TPRE）和诱导产生孪晶（IIT）；对于过共晶 Al-Si 合金中的初生硅而言，Eu 元素不能吸附在初生硅上，而是在其生长前沿富集产生成分过冷来细化初生硅。在耐磨、钎料和热镀领域有广泛应用的三元 Al-Zn-Si 合金通常也含有粗大的硅相，因此也需要经过变质处理来改变合金中硅相的大小、分布和形貌[3,6,68,69,198]。然而关于 Eu 元素对 Al-Zn-Si 合金中硅相的影响的研究还未见报道。因此本章借助同步辐射实时成像技术，来研究 Eu 元素对含微量杂质 P 的工业 Al-40Zn-5Si 合金中硅相的变质规律，研究 Eu 元素对工业 Al-40Zn-5Si 合金凝固过程的影响，阐述 Eu 元素对类似初生硅的"先共晶硅"相的变质机制，研究结果将有利于进一步验证和补充 Eu 元素对硅相的变质机理。

5.2 工业 Al-40Zn-xSi 合金凝固过程分析

第三组元 Zn 元素的加入将 Al-Si 二元相图变成了三元相图，也必然将会改变铝硅共晶点的成分和铝硅共晶反应的温度。因此在实验前期了解和掌握

Al-40Zn-xSi 合金的凝固过程显得尤为重要。传统的相图检测手段很容易受到原料纯度、实验设备精确性和人为误差等诸多因素的影响，表现出较大的局限性[199]，因此亟待开发新的研究手段。随着材料力学和计算机科学的迅速发展，计算相图（CALPHAD）已经逐渐地发展成了一门学科。Pandat 软件是 CompuTherm LLC 公司运用 C++语言基于 Windows 界面的新一代多元相图计算软件。它不仅可以在相关二元相图的基础上计算多组元合金体系的相图和平衡相，也可以模拟多组元合金在非平衡凝固下的凝固过程[200]。

5.2.1 Al-40Zn-xSi 合金相图及凝固过程模拟

图 5.1 是 Pandat 软件计算的固定 Zn 元素质量分数为 40%的 Al-40Zn-xSi 三元相图的垂直截面图。可见而当 0%＜Si（wt.%）＜58%时，合金都会进入一个三相区进行 Al-Si 共晶反应，而当 Si（wt.%）＜5.49 wt.%时，存在初生相铝；当 Si（wt.%）＞5.49 wt.%时，存在初生相硅。当 Si（wt.%）= 5.49 wt.%时，合金由液相直接进入三相区且具有最大的糊状温度区间（接近 50 ℃）。值得注意的是 Al-40Zn-xSi 三元合金中的 Al-Si 共晶反应开始温度是随着加入 Si 的质量分数的不同而改变的。

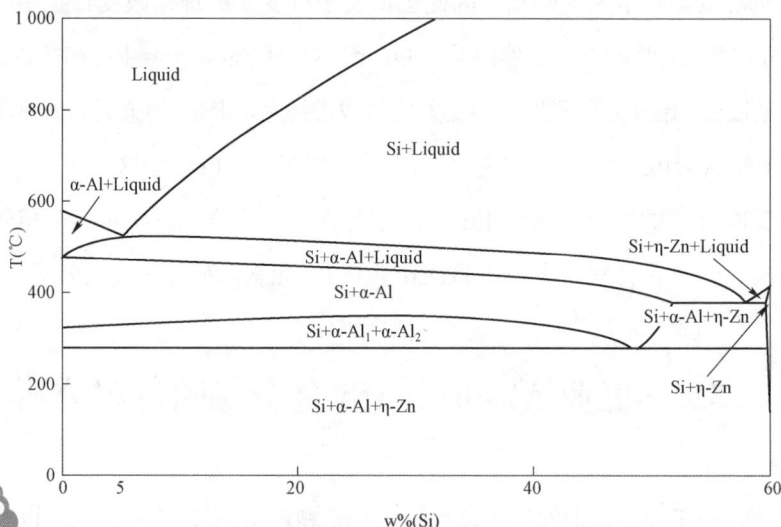

图 5.1　Pandat 软件计算的 Al-40Zn-xSi 相图的垂直截面图

　　图 5.2 是 Pandat 软件计算的平衡凝固下 Al-40Zn-1Si、Al-40Zn-3Si、Al-40Zn-5Si 和 Al-40Zn-6Si 合金中各相分数（Si、α-Al$_1$、α-Al$_2$、Zn 和 Liquid）随温度变化的示意图，可以发现四种合金中各相分数随温度的变化都大体相同。从图 5.2（a-c）可以发现当 Si 的加入量为 1%、3% 和 5% 时，初生相为铝，Si 元素全部以共晶硅的形态存在。图 5.2（d）表明当 Si 加入量为 6% 时，初生相不再是铝，而是极少的初生硅，这就可能导致了 Al-40Zn-6Si 合金组织中有两种不同形态的硅（少量的初生硅和共晶硅）。Al-Si 共晶反应之后，α-Al 将进行调幅分解转变为结构相同而溶质成分贫富不同的两相 α-Al$_1$ 和 α-Al$_2$。然后 α-Al$_2$ 在 275 ℃ 的时候发生共析反应生成 α 和 η 的共析体。从 275 ℃ 冷却至室温时，锌在铝中的溶解度由 31.6% 降至 1.14%，铝在 η 锌中的溶解度由 0.6% 降至 0.05%[201]。

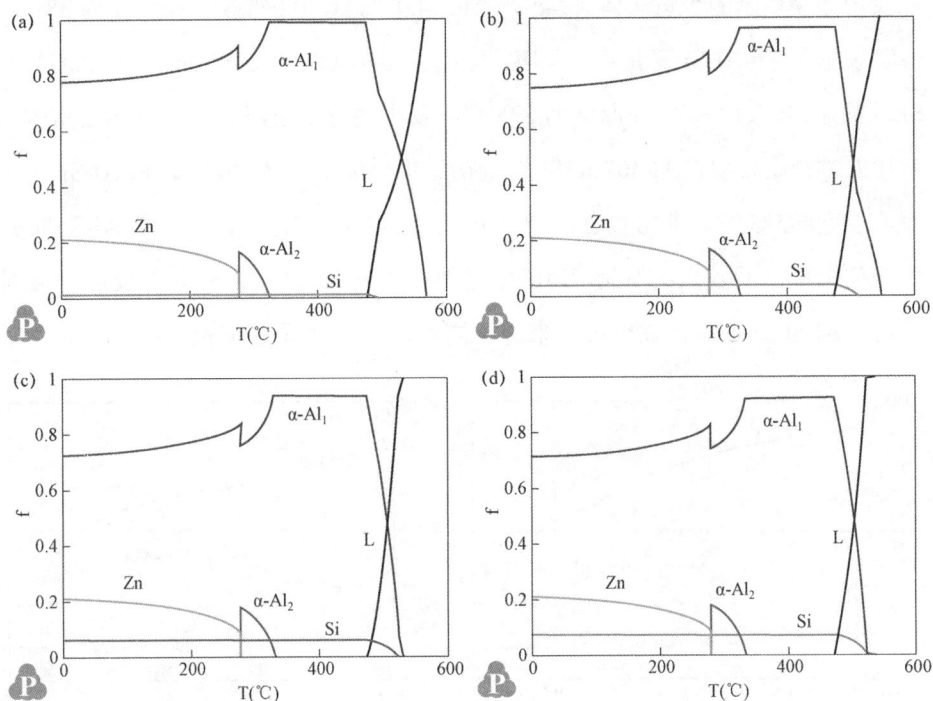

图 5.2　Pandat 软件计算的平衡凝固下 Al-40Zn-xSi 金中各相分数随温度变化

（a）Al-40Zn-1Si（b）Al-40Zn-3Si（c）Al-40Zn-5Si（d）Al-40Zn-6Si

图 5.2 是计算的平衡凝固时 Al-40Zn-xSi 合金中各相分数随温度的变化，但是合金在实际浇铸后由于冷却速度较快，会使凝固过程偏离平衡条件发生非平衡凝固[202]。Pandat 软件的夏尔模块（Scheil mode）可以用来计算多元合金在非平衡条件下的凝固过程。相比平衡凝固，夏尔凝固假设固相中没有扩散发生，液相是均匀的（无限扩散性液态），并且固-液界面存在局部平衡。图 5.3 是 Pandat 软件计算的非平衡凝固下 Al-40Zn-1Si、Al-40Zn-3Si、Al-40Zn-5Si 和 Al-40Zn-6Si 合金中固相分数随温度变化的示意图。从图 5.3（a-c）可以发现随着硅含量从 1%增加到 5%，初生铝反应温度从 569 ℃降到 530 ℃，Al-Si 共晶反应温度从 488 ℃升到 523 ℃。图 5.3（d）表明当 Si 加入量继续增加至 6%时，初生相变成了硅，形核温度为 539 ℃。与 Al-40Zn-5Si 合金相比，Al-40Zn-6Si 合金中 Al-Si 共晶反应温度变化却不是很大。与平衡凝固最大的不同是，四种合金 Al-Si 共晶反应之后剩余的少量熔体（94.97%Zn，4.97%Al，0.06%Si）在温度为 381 ℃时都发生了 Zn-Al-Si 三元共晶反应，生成了 α-Al（82.8%Zn）、η-Zn（1%Al）和 Si 的共晶体。最后 α-Al 在温度为 275 ℃时发生共析反应，从而完成合金的凝固。对比四种合金发现，Al-40Zn-5Si 合金初生铝析出温度（530 ℃）和 Al-Si 共晶反应温度（523 ℃）非常接近，类似于"近共晶铝硅合金"，而且其 Al-Si 共晶反应的温度区间较大。因此，为了更直观更清晰地观察 Al-Si 共晶反应的凝固过程，Al-40Zn-5Si 合金也将用来进行同步辐射实时成像实验。

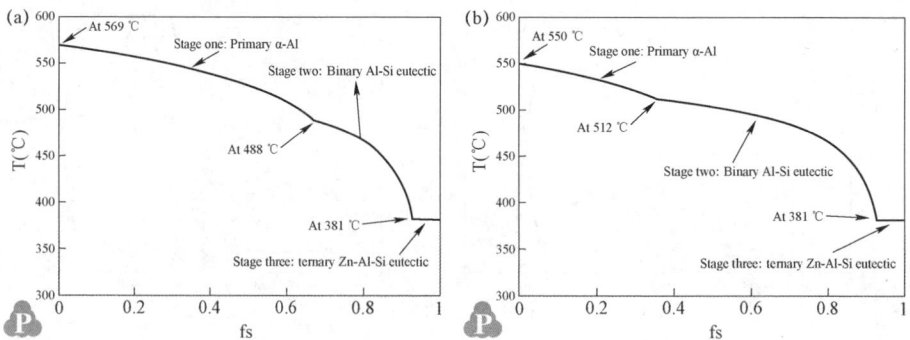

图 5.3　Pandat 软件计算的非平衡凝固下 Al-40Zn-xSi 金中固相分数随温度变化
（a）Al-40Zn-1Si（b）Al-40Zn-3Si

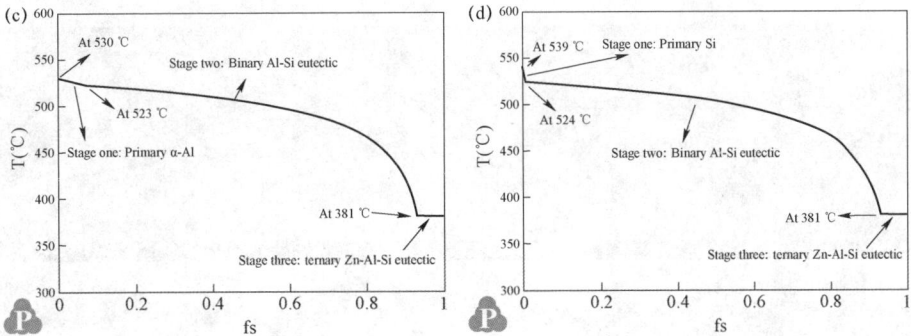

图 5.3　Pandat 软件计算的非平衡凝固下 Al-40Zn-xSi 金中固相分数随温度变化（续）

（c）Al-40Zn-5Si（d）Al-40Zn-6Si

5.2.2　工业 Al-40Zn-xSi 合金的微观组织

图 5.4 是室温下工业 Al-40Zn-1Si、Al-40Zn-3Si、Al-40Zn-5Si 和 Al-40Zn-6Si 合金微观组织的 SEM 照片。当 Si 的含量为 1%和 3%时，硅的存在形态只有针状的共晶硅如图 5.4（a）和图 5.4（b）所示，因此可以断定这两种合金的初生相均为 α-Al，这与 Pandat 软件模拟的结果相吻合。但是，如图 5.4（c）和图 5.4（d）所示，当 Si 含量为 5%和 6%时，组织中不仅含有针状的共晶硅，而且还含有较多的块状初生硅颗粒。值得一提的是，在四种合金的 α-Al 枝晶间都发现了 Zn-Al-Si 三元共晶组织，这与 Pandat 软件在非平衡凝固下模拟的结果相吻合。图 5.4（e）是 Al-40Zn-5Si 合金中三元共晶组织的 SEM 照片，EDX 结果表明三元共晶组织中的 Zn 含量很高。进一步增加放大倍数，可以发现共晶组织中存在 α-Al 和 η-Zn 的共析层片组织，如图 5.4（f）所示。

Pandat 软件计算的 Al-40Zn-5Si 合金初生相应为 α-Al 枝晶，而图 5.4（c）显示工业 Al-40Zn-5Si 合金中还含有块状的硅颗粒。为了弄清块状硅颗粒出现的原因，对高纯 Al-40Zn-5Si 合金的微观组织进行了分析，与工业 Al-40Zn-5Si 合金不同的是，组织中只发现了共晶硅，如图 5.5（a）所示。然而当向高纯 Al-40Zn-5Si 合金中加入 15 ppm P 元素后，组织中便出现了块状的硅颗粒，如图 5.5（b）所示。很显然，对于 Al-40Zn-5Si 合金而言，这些硅颗粒并不是初

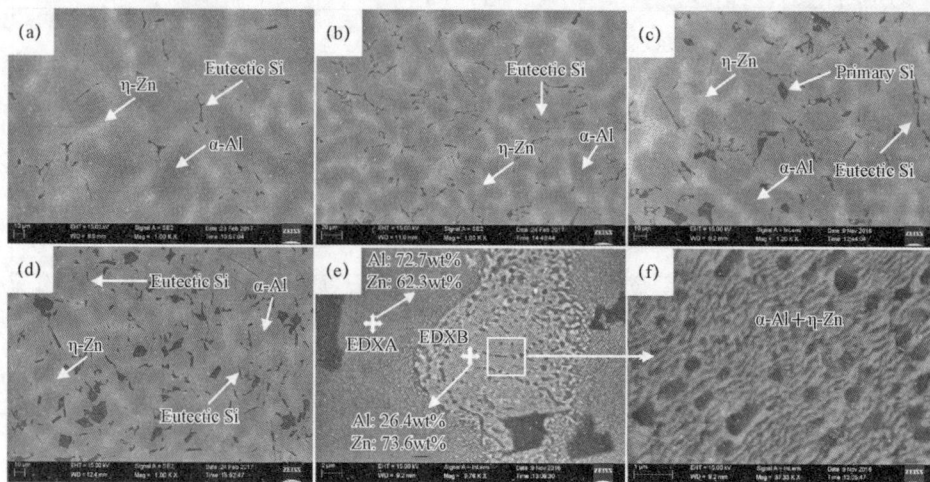

图 5.4 工业 Al-40Zn-xSi 合金的微观组织

（a）Al-40Zn-1Si（b）Al-40Zn-3Si（c）Al-40Zn-5Si（d）Al-40Zn-6Si，

（e，f）Al-40Zn-5Si 合金的三元共晶组织

生相，它们的出现与合金中的 P 元素有关。为了把它们与初生硅区分开来，我们定义其为"先共晶硅"。因此工业 Al-40Zn-5Si 合金中的"先共晶硅"与合金中本身含有的微量杂质 P 的存在有关。综上所述，Pandat 软件很好预测了 Al-40Zn-xSi 合金的凝固过程。

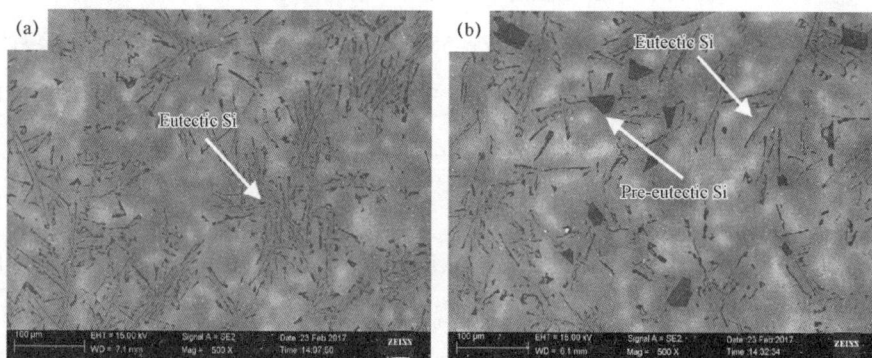

图 5.5 含 P 量不同的高纯 Al-40Zn-5Si 合金的微观组织

（a）0（b）15 ppm

130

5.3　Eu 对工业 Al-40Zn-5Si 合金组织和性能的影响

5.3.1　Eu 含量对工业 Al-40Zn-5Si 合金中"先共晶硅"的影响

　　鉴于第 3 章和第 4 章已经阐明了 Eu 和 P 交互作用机制，本实验只选用含有微量杂质 P 的工业 Al-40Zn-5Si 合金为研究对象，通过加入不同含量的 Eu（0、0.1%、0.2%和 0.3%）来研究其对工业 Al-40Zn-5Si 合金中硅相的变质行为，进一步研究了其对合金拉伸性能的影响，金属模具的冷却速度约为 20 ℃/s。工业 Al-40Zn-5Si 合金的化学成分如表 5.1 所示。

表 5.1　工业 Al–40Zn–5Si 合金的化学成分

样品	Zn（wt.%）	Si（wt.%）	Fe（wt.%）	Eu（wt.%）	P/ppm	Al（wt.%）
D1	40.2	4.9	0.06	0		剩余
D4	39.4	5.1	0.05	0.09		剩余
D5	38.7	4.8	0.05	0.19	<30	剩余
D6	39.5	5.0	0.06	0.28		剩余

　　图 5.6 是含有不同含量稀土 Eu 变质的 Al-40Zn-5Si 合金微观组织的扫描照片，插图为高倍下"先共晶硅"颗粒的扫描图片。结果显示，在未变质 Al-40Zn-5Si 合金中，大部分的"先共晶硅"二维形貌呈不规则的多边形，颗粒大小也非常不均匀，但尺寸远小于 Al-16Si 的初生硅。如图 5.6（a）所示。图 5.6（b）表明 0.1%含量的 Eu 元素对"先共晶硅"的形貌影响不大。但当 Eu 的含量为 0.2%时，"先共晶硅"的尖角也开始发生钝化，如图 5.6（c）所示。有趣的是，当 Eu 含量为 0.3%时，"先共晶硅"在二维形貌下变成了圆形，如图 5.6（d）所示，这与第 4 章描述的 Eu 对过共晶铝硅合金中初生硅的变质效果显然不同。

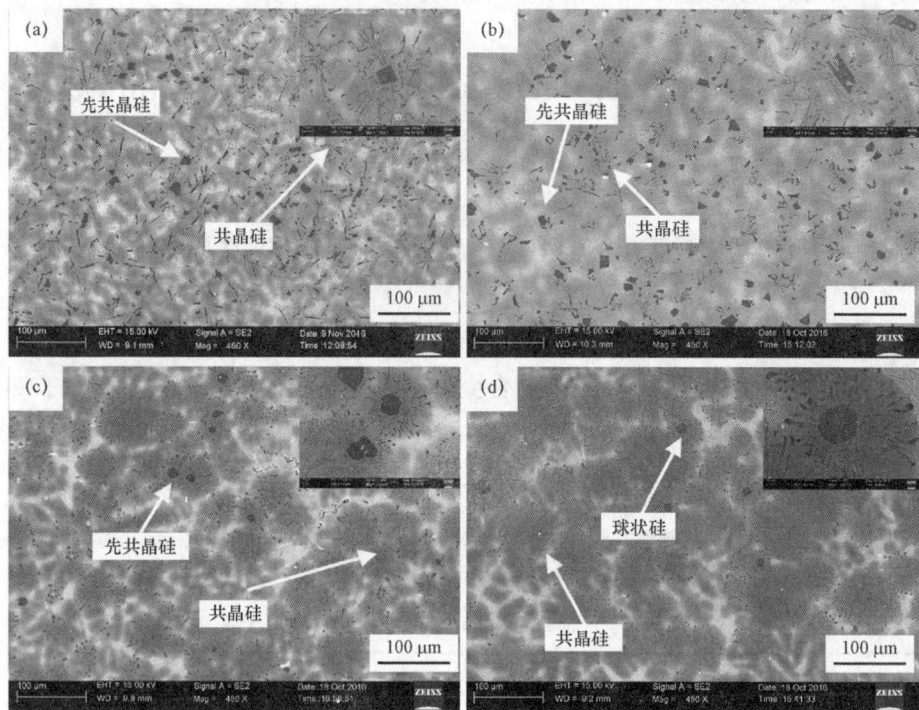

图 5.6　工业 Al-40Zn-5Si 合金微观组织的扫描照片

（a）未变质（b）0.1%Eu（c）0.2%Eu 和（d）0.3%Eu

　　为了表征稀土 Eu 含量对"先共晶硅"颗粒的影响，用 Image Pro Plus（IPP）软件对金相显微镜下 500 放大倍数时"先共晶硅"颗粒的体积分数、数量、平均尺寸和圆度进行了统计，其中圆度值约接近 1，代表硅颗粒越接近圆形。统计结果如图 5.7 所示，发现当加入稀土 Eu 的含量为 0.1%时，与未变质合金相比，"先共晶硅"的体积分数、数量、平均尺寸和圆度均变化不大；当加入稀土 Eu 含量为 0.2%时，"先共晶硅"颗粒的数量与体积分数大幅度减少，平均尺寸由未变质的 10.5 μm 增大到 13.6 μm，颗粒的尖角发生了钝化，"先共晶硅"颗粒圆度也出现了降低；当加入稀土 Eu 的含量为 0.3%时，"先共晶硅"颗粒的数量与体积分数进一步减少，平均尺寸也增加到了 14 μm，由于颗粒的形貌近似圆形，"先共晶硅"的圆度也越接近于 1。综上所述，Eu 的加入抑制了"先共晶硅"的形核，使得其尺寸增大，其形貌也随 Eu 含量增加而出现球状化。

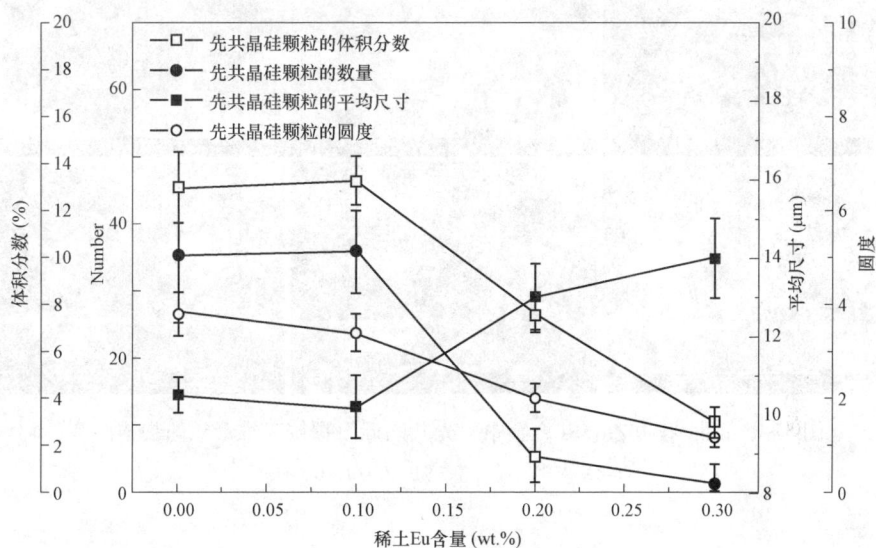

图 5.7　Al-40Zn-5Si 合金中"先共晶硅"颗粒的体积分数、数量、
平均尺寸以及圆度随稀土 Eu 含量的变化

　　图 5.8 所示为工业 Al-40Zn-5Si 合金中"先共晶硅"颗粒三维形貌在高倍下的扫描照片。其中图 5.8（a-d）是未变质合金中"先共晶硅"颗粒的典型形貌，包括八面体状、五星柱状和板片状，其表面含有少量的微观凸起和生长台阶。这些未变质的"先共晶硅"的三维形貌与第 4 章描述的过共晶 Al-Si 合金中初生硅的三维形貌具有很大的相似性，这说明它们的生长方式也是相同的。当加入稀土 Eu 的含量为 0.2%时，尽管"先共晶硅"颗粒依然保留八面体或板片状的形态，但是"先共晶硅"颗粒的表面开始变得崎岖不平，如图 5.8（e）所示。当加入稀土 Eu 的含量为 0.3%时，"先共晶硅"颗粒的三维形貌完全发生了改变，由未变质的八面体状、五星柱状和板片状的形态变成了球状，高倍的扫描图片显示球状"先共晶硅"颗粒的表面并不是光滑的，而是由更多的突起和台阶构成，如图 5.8（f）所示。这种球状"先共晶硅"颗粒的出现与其生长环境有关，详细机制见 5.4 节。

图 5.8 工业 Al-40Zn-5Si 合金中"先共晶硅"颗粒三维形貌的扫描照片

（a-d）未变质（e）0.2%Eu 和（f）0.3%Eu

5.3.2 Eu 含量对工业 Al-40Zn-5Si 合金中共晶硅的影响

图 5.9 所示是不同含量 Eu 变质的工业 Al-40Zn-5Si 合金中共晶硅的二维和三维形貌的扫描照片。在未变质 Al-40Zn-5Si 合金中，共晶硅的二维形貌通常是针状的，三维形貌显示其为高纵横比的板片状，其表面含有少量的生长台阶和空洞，这也与第 3 章描述的未变质亚共晶 Al-Si 合金中共晶硅的三维形貌十分相似，这说明两种合金体系中共晶硅的生长方式也是相同的，如图 5.9（a）和图 5.9（d）所示。0.1%的 Eu 元素的加入没有明显改变共晶硅的形貌及 Al-Si 共晶团的界面形态，但是当加入稀土 Eu 的含量为 0.2%时，Al-Si 共晶团的界面开始变得光滑，可以从图 5.9（b）中清晰地辨别出单个的 Al-Si 共晶团。与此同时，与未变质合金相比，Al-Si 共晶团的数量大幅度减少，共晶团的尺寸也出现了增大。从图 5.9（e）所示的三维形貌可以看出，此时的共晶硅由原来未变质的板片状结构完全转变为的纤维状结构。进一步增加稀土 Eu 元素的含量至 0.3%时，共晶团的数量进一步减少，尺寸进一步增大。与图 5.9（e）相比，共晶团界面变得更加光滑，大部分的共晶团变成了球形，共晶硅的三维形貌也变成了尺寸更加细小的纤维状结构，如图 5.9（c）和图 5.9（f）所示。

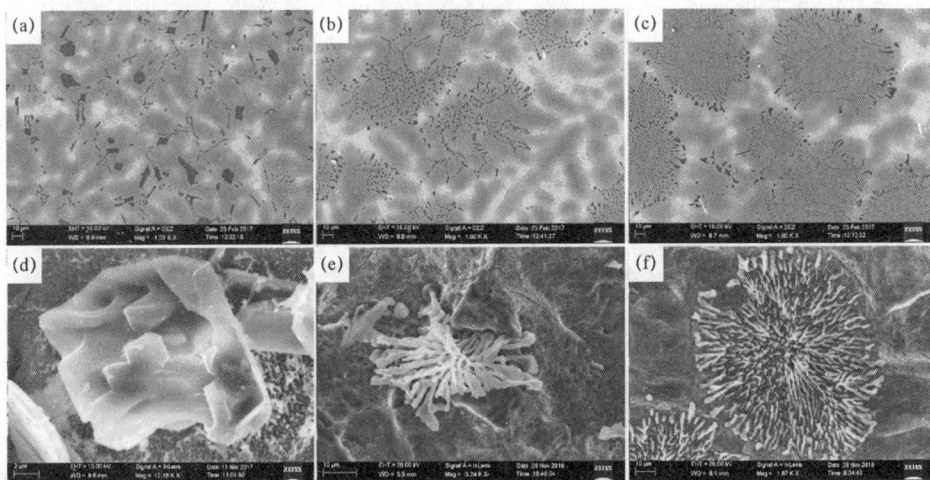

图 5.9　工业 Al-40Zn-5Si 合金中共晶硅的扫描照片
（a，d）未变质（b，e）0.2%Eu 和（c，f）0.3%Eu

　　图 5.10 所示为工业 Al-40Zn-5Si 合金中在"先共晶硅"上形核长大的共晶硅的三维形貌。由于硅原子很容易扩散到初生硅的顶角和棱边位置，因此未变质 Al-40Zn-5Si 合金中板片状共晶硅通常在"先共晶硅"的顶角和棱边位置形核长大。此外，其表面的生长台阶也为共晶硅的形核提供了方便，如图 5.10（a）和图 5.10（b）所示。因此未变质的合金中共晶硅主要在初生硅的顶角、棱边和表面的生长台阶上形核。图 5.10（c）和图 5.10（d）显示 Eu 含量为 0.2%的合金中两个尺寸相差很大的八面体"先共晶硅"，它们均可以作为共晶硅的形核质点。尽管"先共晶硅"的表面崎岖不平，但是表面上并没有形成更多的突起和台阶，因此共晶硅依然在初生硅的顶角、棱边和表面的生长台阶上形核长大。所不同的是，此时的共晶硅由板片状的各向异性生长转变为纤维状的各向同性生长。当加入稀土 Eu 的含量为 0.3%时，"先共晶硅"变为各向同性生长的球状硅，通过观察其三维形貌，可以发现球状硅的表面是由很多突起和生长台阶构成，图 5.10（e）和图 5.10（f）表明纤维状共晶硅很容易在球硅颗粒表面的这些位置形核长大。图 5.10（g）所示是一个平均直径为 70 μm 左右的球团状 Al-Si 共晶团的三维形貌，在共晶团的中心也常常可以观察到一

个尺寸非常小的球状"先共晶硅"颗粒（<2 μm），而球状共晶团则可以在其上形核长大，如图 5.10（h）所示。

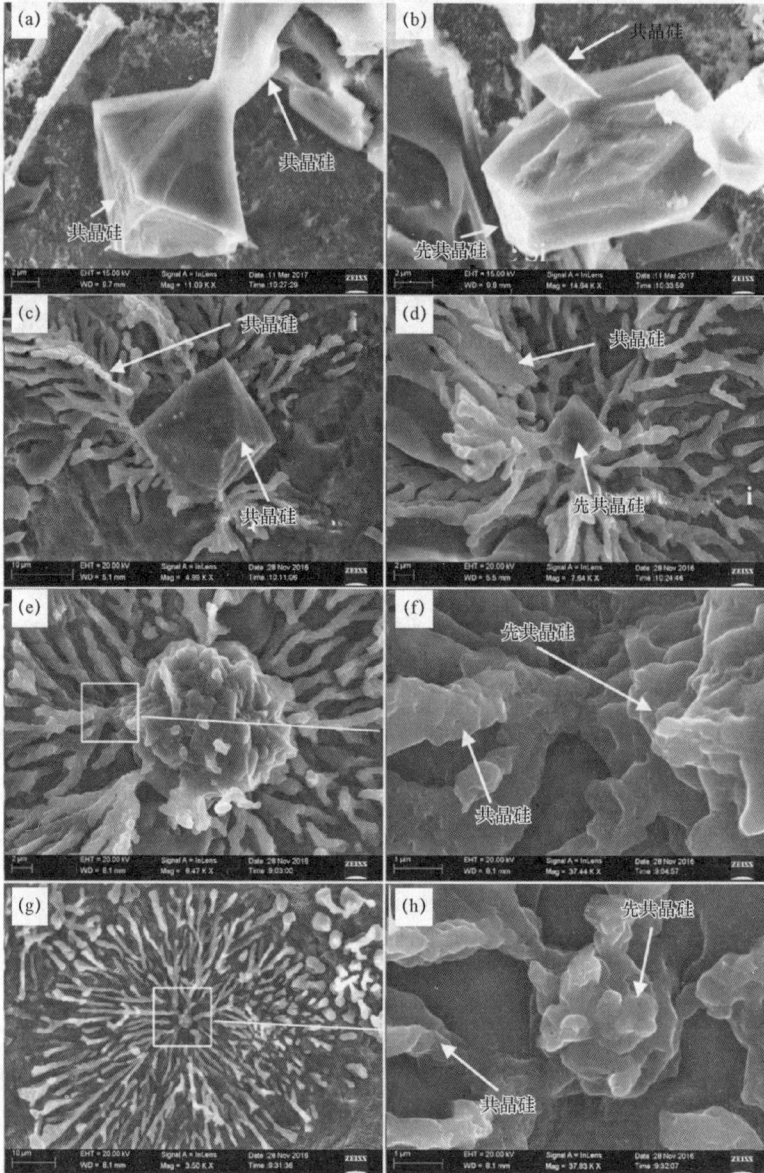

图 5.10　工业 Al-40Zn-5Si 合金中在"先共晶硅"
表面上形核的共晶硅的扫描照片：
（a，b）未变质（c，d）0.2%Eu（e-h）0.3%Eu

值得一提的是，当合金中加入的稀土 Eu 含量 0.3%时，组织中形成了较多粗大的富 Eu 金属间化合物，如图 5.11 所示。图 5.11（a）显示了长度约为 20 μm 的条状富 Eu 金属间化合物，EDX 点分析表明其为四元的 Zn-Si-Al-Eu 相，如图 5.11（b）所示。图 5.11（c）显示了另一个长度约为 8 μm 的条状富 Eu 金属间化合物，EDX 点分析表明其为三元的 Zn-Al-Eu 相，如图 5.11（d）所示。因此，合金中粗大的富 Eu 相为 Zn-Si-Al-Eu 相或 Zn-Al-Eu 相，其形貌常常为条状，且含有较大的纵横比。除此之外，还有一些尺寸很小的富 Eu 相分布在共晶硅的边缘和内部，EDX 点分析表明其为四元的 Zn-Si-Al-Eu 相，如图 5.11（e）和图 5.11（f）所示。它们也和 Eu 变质的 Al-7Si 合金中共晶硅边缘和内部的细小 Al_2Si_2Eu 相非常相似。

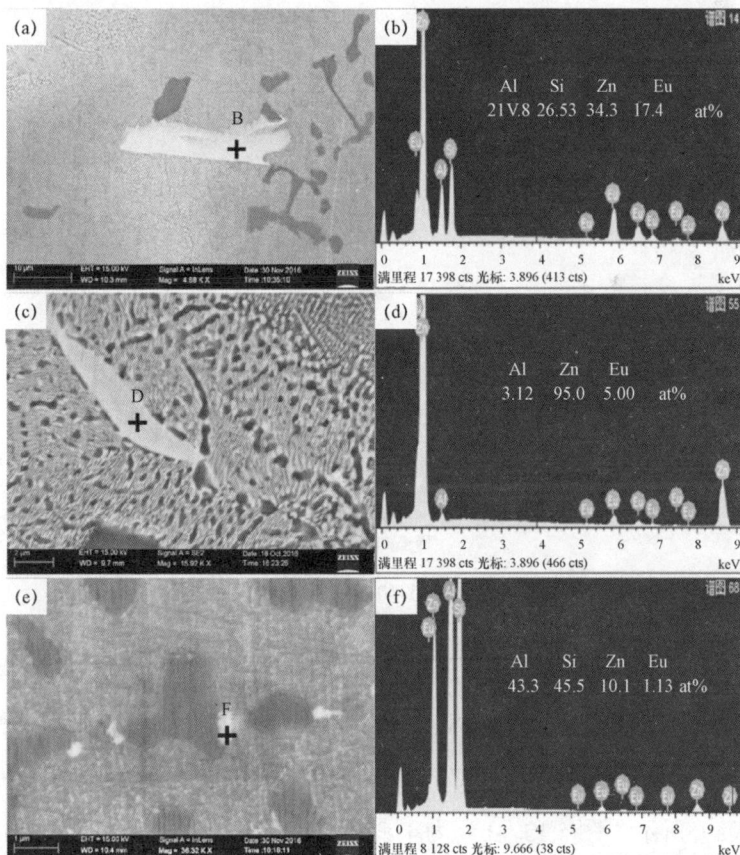

图 5.11　0.3%Eu 变质的工业 Al-40Zn-5Si 合金中富铕相的扫描照片：
（a）粗大的 Al-Si-Zn-Eu 相（b）B 点的 EDX 图谱（c）粗大的 Al-Zn-Eu 相（d）D 点的 EDX 图谱，
（e）小的 Al-Si-Zn-Eu 相和（f）F 点的 EDX 图谱

5.3.3　Eu 含量对工业 Al-40Zn-5Si 合金拉伸性能的影响

图 5.12 所示是不同含量的稀土 Eu 对 Al-40Zn-5Si 合金的抗拉强度和延伸率的影响。当加入 0.1%Eu 后，由于"先共晶硅"和共晶硅的形貌变化不是很大，因此合金的抗拉强度和延伸率变化不大。但当加入稀土 Eu 含量为 0.2% 时，由于"先共晶硅"颗粒的数量减少和形态的钝化，以及共晶硅的完全纤维化，合金的抗拉强度和延伸率得到了大幅度的增加，抗拉强度由未变质的 218 MPa 增加到 255 MPa，延伸率由 0.6%增加到 2.9%，两者分别提高了 16.9% 和 383%。但当稀土 Eu 含量继续增加到 0.3%时，合金的抗拉强度和延伸率下降。

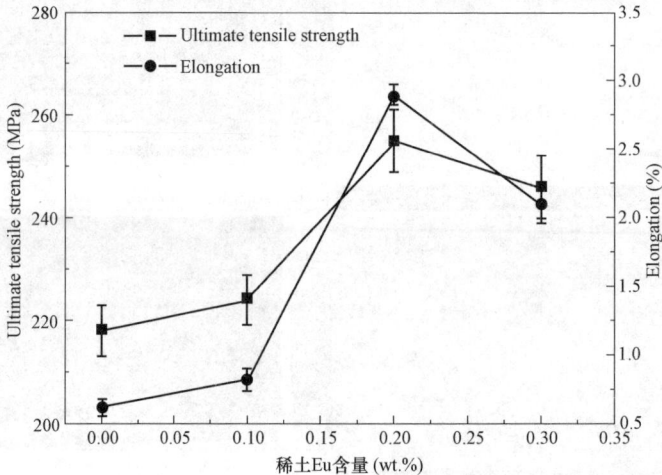

图 5.12　Eu 含量对工业 Al-40Zn-5Si 合金的力学性能的影响

图 5.13　是不同含量 Eu 变质的工业 Al-40Zn-5Si 合金的断口形貌照片。可以发现未变质工业 Al-40Zn-5Si 合金断口上含有少量的孔洞、撕裂脊和大量的解理面，这说明未变质 Al-40Zn-5Si 合金发生了一定程度的准解理断裂，如图 5.13（a）所示。图 5.13（b）为未变质 Al-40Zn-5Si 合金高倍下扫描图片，发现断口上有很多开裂的"先共晶硅"颗粒，裂纹很容易在多边形的"先共晶硅"和板片状共晶硅内部或其与基体的界面上产生，之后裂纹迅速沿晶界

扩展，造成试样沿晶界断裂。

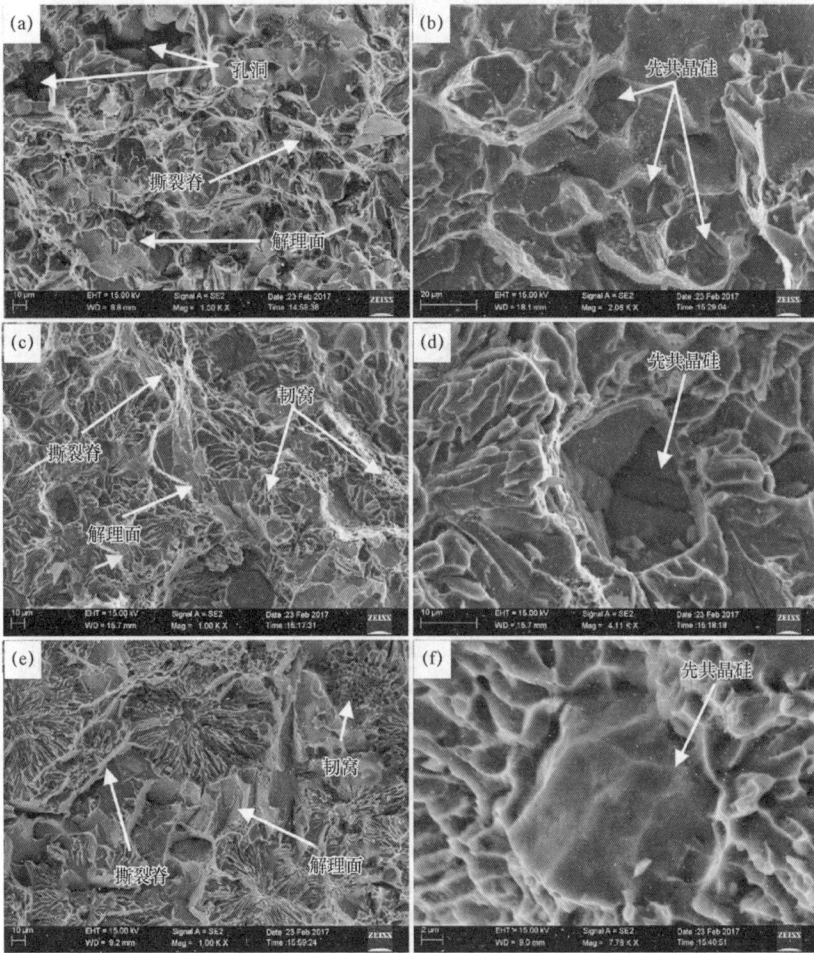

图 5.13　工业 Al-40Zn-5Si 合金的断口形貌的扫描照片

（a，b）未变质（c，d）0.2%Eu（e，f）0.3%Eu

当加入稀土 Eu 含量为 0.2%时，"先共晶硅"颗粒的数量大幅度减少，熔体的补缩能力增强，因此断裂表面孔洞的数量减少。此外，断裂表面的解理面减少，撕裂脊增多，还出现了一些细小的韧窝，如图 5.13（c）所示，这表明合金发生了明显的塑性变形。图 5.13（d）显示合金中韧窝主要分布在"先共晶硅"颗粒周围，这表明此时"先共晶硅"与基体的结合强度很高，受力时周围基体发生了明显的塑性变形来维持界面完整性。这是由于"先共晶硅"

尖角的钝化，极大地减少了应力集中，增强了"先共晶硅"颗粒与基体界面结合强度和自身的断裂强度，降低了界面产生裂纹和自身开裂的概率。此外，共晶硅的纤维化进一步减少了应力集中，尤其是在"先共晶硅"上形核长大的纤维状共晶硅，起到了阻碍裂纹扩张和钝化裂纹尖端的作用，因此此时Al-40Zn-5Si 合金具有较大的抗拉强度和延伸率。当加入稀土 Eu 含量为 0.3%时，"先共晶硅"颗粒完全球化，其界面结合强度和自身的断裂强度更高，但是断口出现了更多的解理面，这可能是由于组织中出现了较多的条状富Eu 相，它们极易产生应力集中，进而导致合金抗拉强度和延伸率的下降，如图 5.13（e）和图 5.13（f）所示。

5.4 工业 Al-40Zn-5Si 合金的同步辐射实时成像

由于非金属相的硅具有较高的熔化熵和生长时的明显的各向异性，铝硅共晶反应实际上是一个很复杂的动态过程，因此本节将用同步辐射实时成像技术来观察 Eu 元素变质前后工业 Al-40Zn-5Si 合金的凝固过程，以阐述 Eu元素对合金凝固过程的影响，特别是对合金中 Si 相形核和长大的影响。由于Zn 的原子序数是 30，密度是 7.14 g/cm^3，与 Al 和 Si 的原子序数和密度都相差很大，而 X 射线吸收衬度主要和 $\Delta\rho(\Delta Z)^4$ 相关[162]（$\Delta\rho$ 是密度差，ΔZ 是原子序数差），因此 Al-40Zn-5Si 合金非常适合同步辐射实时成像实验。

5.4.1 未变质工业 Al-40Zn-5Si 合金的凝固过程

图 5.14 是同步辐射下未变质工业 Al-40Zn-5Si 合金在凝固过程中不同时刻所对应的 X 射线照片，其中 $t = 0$ s 为图像中开始出现第一个 α-Al 晶粒的时刻。可以发现尽管 Al 和 Si 的原子序数和密度相近，依然能够在 X 射线照片清晰地分辨出它们。这一方面是由于相当可观的 Zn 元素在界面处被"排出"，形成了较强的吸收衬度，另一方面 α-Al 和 Si 晶体具有明显不同的界面形貌和

生长行为，α-Al 晶体为具有粗糙界面的非小平面生长，而 Si 晶体为具有光滑界面的小平面生长。图 5.14 中 $t=22$ s 时初生相是 α-Al 枝晶，与 Pandat 模拟的相图一致。Al-40Zn-5Si 合金显示了 α-Al 断裂的现象，这是由于生长排出的富 Zn 熔体导致了局部的 α-Al 重熔导致的，另外，α-Al 与富 Zn 熔体的密度差异产生的浮力对 α-Al 的断裂也起到了一定的促进作用[135]。当 α-Al 生长到一定尺寸时，图 5.14 中 $t=38\sim141$ s 时显示块状的"先共晶硅"在 α-Al 界面的前沿持续不断析出。随着 α-Al 的生长，凝固前沿 Si 元素的大量富集，为"先共晶硅"的析出提供了条件。而针状的共晶硅颗粒以比初生 α-Al 更大的生长速度从固液界面"伸入"熔体中，如图 5.14 在 $t=60$ s 时所示凝固最后阶段，剩余的熔体将发生三元 Zn-Al-Si 共晶反应，η-Zn 等在枝晶间形成，如图 5.14 在 $t=1109$ s 时所示。

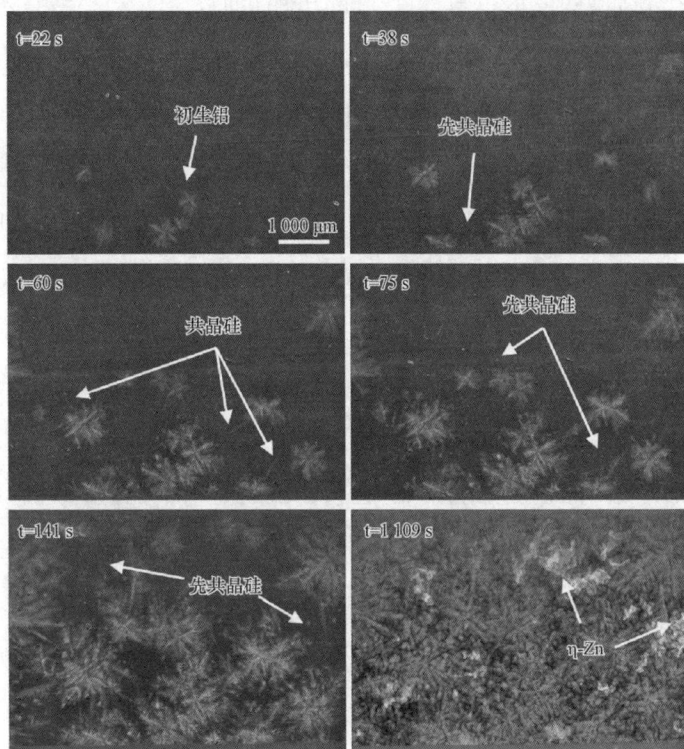

图 5.14　未变质工业 Al-40Zn-5Si 合金在凝固过程中不同时间的同步辐射照片

为了观察未变质工业 Al-40Zn-5Si 合金中硅的形核和长大的过程，图 5.15 显示了一个 α-Al 晶粒在不同时刻时放大的 X 射线照片。可以观察到由白色圆圈标记的"先共晶硅"颗粒在固-液界面前沿形核长大，如图 5.15 在 $t=69$ s 时所示。但是这些"先共晶硅"颗粒的位置是固定的，并不随着 α-Al 的继续生长而变化，这可能是由于它们的形核质点 AlP 颗粒位于夹持样品的陶瓷片上。随着固-液界面的继续向前推移，"先共晶硅"颗粒被 α-Al 枝晶所包裹，新的"先共晶硅"颗粒继续在界面前沿形核长大。单个或者有分枝的针状共晶硅以很快的速度从初生 α-Al 的边缘生长至熔体中，如图 5.15 在 $t=72$ s 和 $t=81$ s 时所示。随后共晶铝以树枝状的形态在针状共晶硅上形成，这也与先前研究者描述的未变质 Al-Si 共晶反应中硅是领先相的论述相一致[77]。共晶铝的出现阻碍了共晶硅的侧向生长，甚至在共晶铝出现之前共晶硅在侧向上的速度也是十分缓慢的，这也与最近 Shahani[203]通过 4D X 射线技术观察到的 Al-Ge 合金中 Ge 晶体的生长相似。因此在生长初期，针状共晶硅沿着长度方向的生长控制着共晶团界面的移动。有趣的是，共晶铝很容易在针状共晶硅的末端形核长大，如图 5.15 在 $t=81$ s 和 $t=88$ s 时所示。由第 3 章可知，由于硅生长前沿 141° 孪晶凹槽的消失和再形成，针状共晶硅沿着 <110> 方向伸长，这就导致了针状共晶硅末端熔体中硅元素的大量消耗，致使铝元素在孪晶凹槽附近的熔体中富集，因此共晶铝很容易在针状共晶硅末端形核长大，共晶铝的形成也"封堵"了共晶硅表面的孪晶凹槽，阻止了共晶硅的继续生长。

通常采用液淬的方法来观察亚共晶 Al-Si 合金中的 Al-Si 共晶反应，常常在二维图片中观察到针状共晶硅在初生硅类型的多边形硅颗粒上形核并长大，这种组织常常存在于初生 α-Al 之间，这似乎与初生 α-Al 的生长是相互独立的[14,18,77]。然而，通过三维重建和成像技术，发现这些看起来独立存在的共晶团在三维空间中却和初生 α-Al 枝晶臂相互连接[204]。在本实验中，我们可以观察到图 5.15 右上方在 $t=69$ s 时初生 α-Al 界面前沿析出了一个"先共晶硅"颗粒，很明显"先共晶硅"颗粒的析出本身并没有促使共晶反应的发生，没

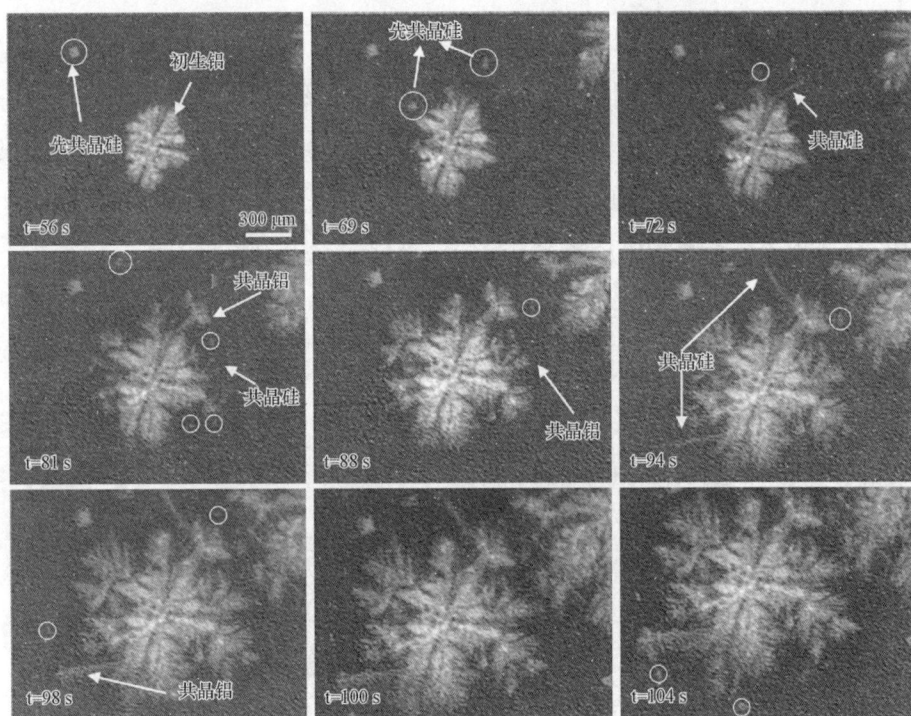

图 5.15　未变质工业 Al-40Zn-5Si 合金中硅结晶和长大过程的同步辐射照片

有针状共晶硅在"先共晶硅"颗粒上形核长大。然而，当 Al 枝晶界面生长至此"先共晶硅"颗粒所在位置时，发现一个针状共晶硅在其表面形核并迅速"伸入"到前方的熔体中，如图 5.15 在 $t=69\sim94$ s 所示，这也与上述三维实验的结果相一致。

5.4.2　Eu 变质工业 Al-40Zn-5Si 合金的凝固过程

图 5.16　是同步辐射下 0.3%Eu 变质工业 Al-40Zn-5Si 合金在凝固过程中不同时刻所对应的 X 射线照片，其中 $t=0$ s 为图像中开始出现第一个 α-Al 晶粒的时刻。由图 5.16 在 $t=47$ s 和 $t=87$ s 时可以看出少量的球状"先共晶硅"在视野上端最右侧的 α-Al 枝晶前沿析出。随后，Al-Si 共晶团在该树枝晶的一次枝晶臂和二次枝晶臂附近形核，如图 5.16 在 $t=104$ s 时所示。尽管从图像中很难分辨出共晶铝和纤维状的共晶硅，但是还是能清楚地观察到有着光滑

界面的 Al-Si 共晶团，这也与 0.3%Eu 变质工业 Al-40Zn-5Si 合金微观组织中的 Al-Si 共晶团的形貌相似。Al-Si 共晶团一旦形核完成，便以球形的各向同性的方式向四周生长。与未变质合金不同的是，共晶硅不能以领先共晶铝很大的生长速度来控制共晶团的液-固界面，由于稀土 Eu 元素的作用，共晶硅的生长速度变得和共晶铝相差不大，这也与第 3 章描述的共晶硅的纤维化和分枝化的原理相一致。随着凝固的进行和 α-Al 枝晶的持续长大，少量的球状"先共晶硅"颗粒在枝晶间的熔体中继续形成和长大，如图 5.16 在 $t = 127$ s 时所示。凝固最后阶段，剩余的熔体也将发生三元 Zn-Al-Si 共晶反应，η-Zn 在枝晶间形成，如图 5.16 在 $t = 234$ s 和 $t = 1278$ s 时所示。

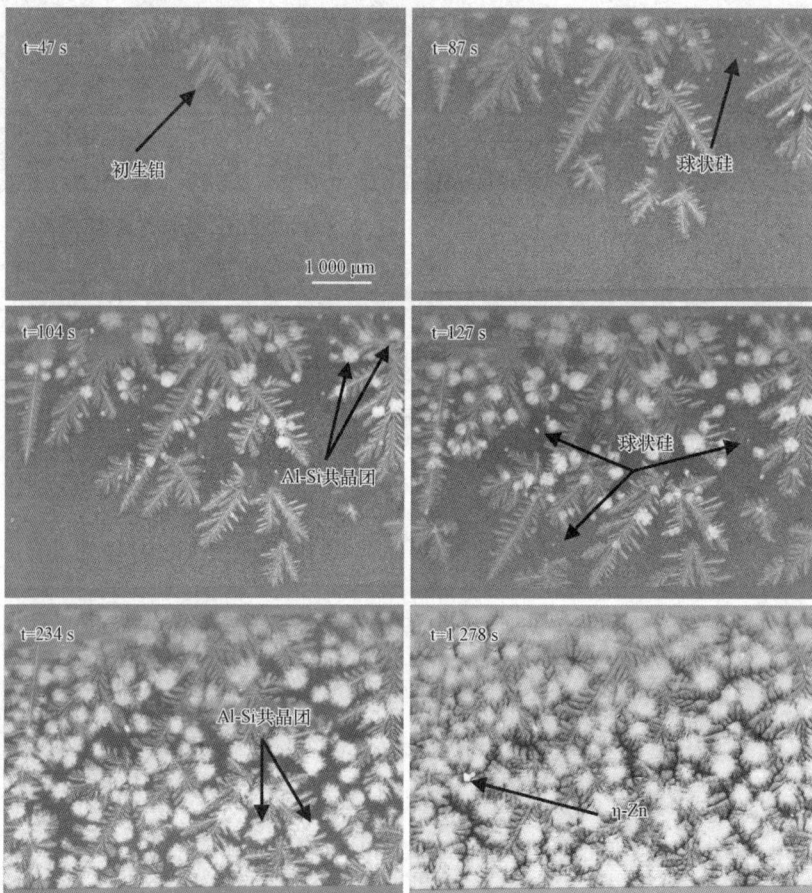

图 5.16　0.3%Eu 变质工业 Al-40Zn-5Si 合金在凝固过程的同步辐射图片

为了对比 Eu 变质对"先共晶硅"颗粒析出的影响，图 5.17 统计了 Eu 变质前后实时成像视野中"先共晶硅"颗粒的数量随凝固时间的变化规律，其中 $t=0\,\text{s}$ 为图像中开始出现第一个 α-Al 晶粒的时刻。可以发现未变质Al-40Zn-5Si 合金中"先共晶硅"颗粒的数量在初生 α-Al 开始形核之后的 30 s内急剧增加，而 0.3%Eu 变质的 Al-40Zn-5Si 合金中"先共晶硅"颗粒的数量在初生 α-Al 开始形核之后的 50 s 时缓慢增加。除此之外，变质合金中"先共晶硅"颗粒数量出现了减少，这是由于 Eu 固溶在 AlP 中形成了（Al，Eu）P，削弱了 AlP 对"先共晶硅"的异质形核能力，见 5.5.1 节。

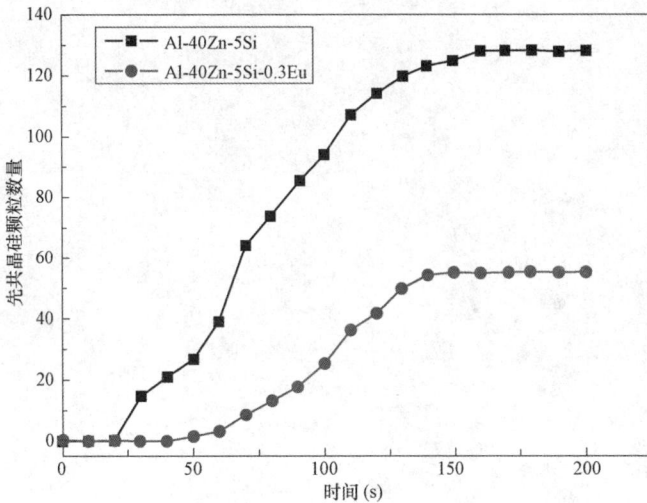

图 5.17 "先共晶硅"颗粒数量随时间的变化

图 5.18 为 0.3%Eu 变质工业 Al-40Zn-5Si 合金中硅的形核和长大的过程的X 射线照片。可见一个二次枝晶从一个柱状晶上断裂，然后形成了一个更小的晶粒，如图 5.18 在 $t=80\,\text{s}$ 和 88 s 时所示。随着二次枝晶的继续长大，球状的"先共晶硅"颗粒在枝晶前沿形核长大，随后，一些 Al-Si 共晶团在初生 α-Al上形成，如图 5.18 在 $t=94\,\text{s}$ 和 $t=101\,\text{s}$ 时所示。有趣的是，当初生 α-Al 枝晶生长至接近球状的"先共晶硅"颗粒时，Al-Si 共晶团开始在球状硅上形核长大，如图 5.18 在 $t=101\sim112\,\text{s}$ 时所示。图 5.19 为枝晶前沿一个中心含有球状

硅的共晶团的平均尺寸随时间的变化曲线，方块的曲线代表球状硅的尺寸变化，而圆点的曲线代表共晶团的尺寸变化。可以看出，一旦 Al-Si 共晶团在球状硅表面开始形核，就以很快的生长速度向四周生长，生长界面覆盖初生 α-Al 或者超越初生 α-Al 向熔体中生长，随后共晶团的生长速度逐渐变慢至停止生长，如图 5.18 在 $t = 117$ s 和 $t = 142$ s 时所示。随着凝固的进一步进行，初生 α-Al 将包裹共晶团，新的 α-Al 枝晶在共晶团表面形核，如图 5.18 在 $t = 504$ s 时所示。

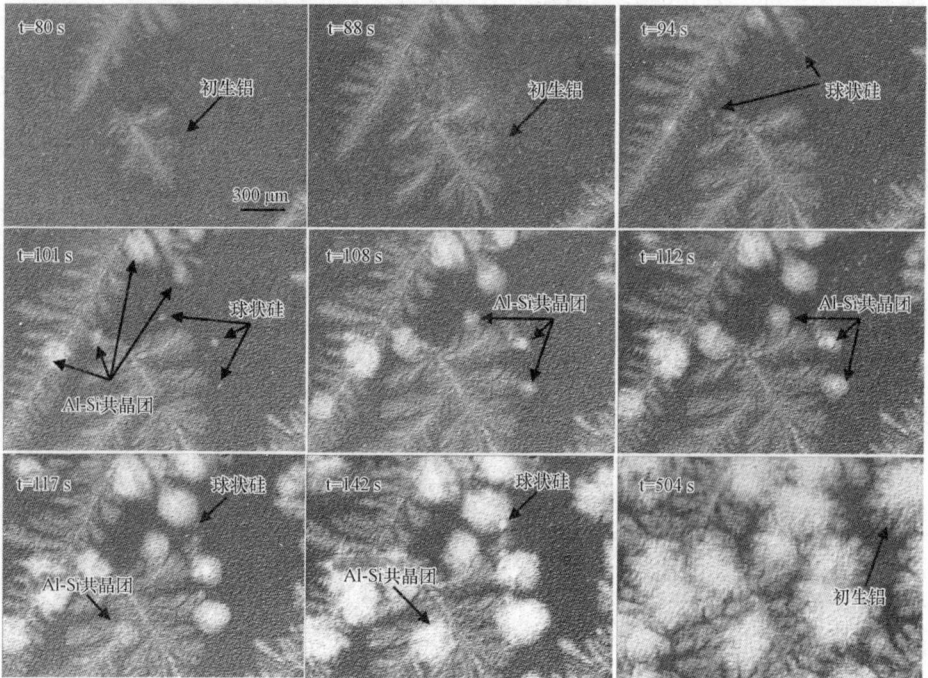

图 5.18　0.3%Eu 变质工业 Al-40Zn-5Si 合金中硅结晶和长大过程的同步辐射照片

Mathiesen[161,162]也采用同步辐射实时成像技术研究了 Al-9Si-15Cu-0.015Sr 合金的定向凝固过程。通过图像处理，他发现一个颗粒由熔体中运动到了初生 α-Al 附近，随后一个 Al-Si 共晶团在其附近形核长大。他推测这个颗粒是悬浮在熔体中的硅颗粒，共晶团在这个硅颗粒上形核并长大，但是他并没有直接观察到共晶团在这个颗粒上形核长大的过程，也没有证据表明这个颗粒

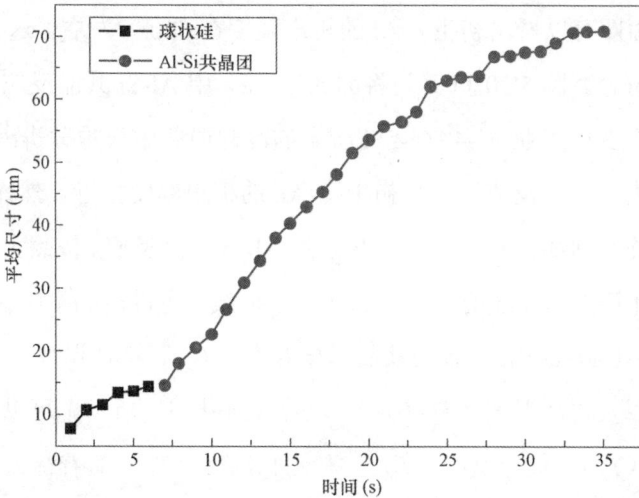

图 5.19　0.3%Eu 变质工业 Al-40Zn-5Si 中球状硅和共晶团的平均尺寸随时间的变化

就是硅晶体。在本实验中，我们发现 Eu 变质 Al-40Zn-5Si 合金中形成的球状硅颗粒可以作为 Al-Si 共晶团的有效形核质点，然而球状"先共晶硅"颗粒的析出本身不能促使共晶反应的发生，这与未变质 Al-40Zn-5Si 合金的凝固过程相同。由 0.3%Eu 变质 Al-40Zn-5Si 合金的三维形貌可知，一些 Al-Si 共晶团的内部往往含有一个尺寸更小（大约 1 μm 左右）的球状"先共晶硅"颗粒作为它的形核质点。因此除了在球状硅上形核的 Al-Si 共晶团，在初生 α-Al 枝晶附近形成的 Al-Si 共晶团是否也含有一个更小的球状硅颗粒，用肉眼很难在 X 射线照片分辨。

5.5　Eu 对工业 Al-40Zn-5Si 合金中 "先共晶硅" 的变质

5.5.1　冷却曲线分析

图 5.20（a）是不同含量 Eu 元素变质的工业 Al-40Zn-5Si 合金在凝固时的

冷却曲线。由图可以看出初生 α-Al 的析出温度在 530 ℃ 左右，这与 Pandat 计算的结果相符合。图 5.20（b）是将图 5.20（a）中 Al-Si 共晶反应放大后的冷却曲线，从未变质工业 Al-40Zn-5Si 合金的冷却曲线中很难分辨出 Al-Si 共晶反应，这是由于共晶反应温度与初生 α-Al 的析出温度接近。然而，经过 Eu 变质的合金冷却曲线上却很明显地观察到 Al-Si 共晶反应。按照实验方法所描述的，通过计算冷却曲线的一次和二次导数曲线，可以得到不同含量 Eu 元素变质的工业 Al-40Zn-5Si 合金的共晶形核温度（T_N）、最低温度（T_{Min}）、生长温度（T_G）以及再辉温度（T_G-T_{Min}），其结果如表 5.2 所示。可以观察到，共晶形核温度（T_N）、最低温度（T_{Min}）和生长温度（T_G）随着稀土 Eu 含量的增加逐渐降低，而再辉温度（T_G-T_{Min}）随着稀土 Eu 含量的增加逐渐升高，这也与第 3 章中 Eu 对特征温度的影响规律相同。

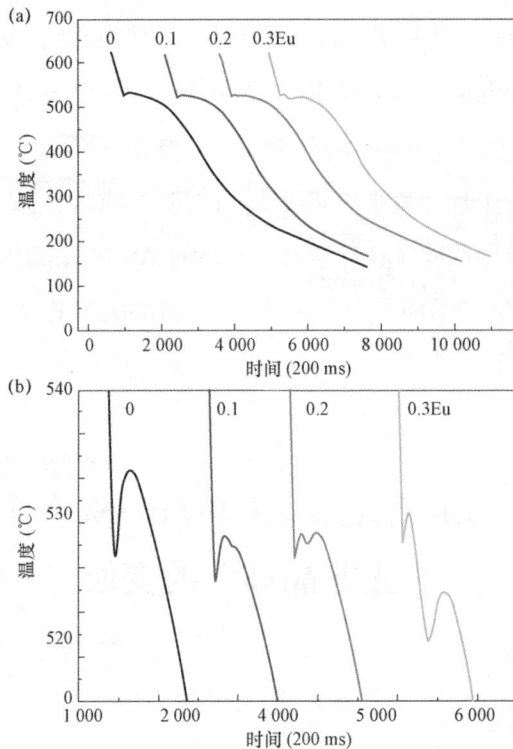

图 5.20 工业 Al-40Zn-5Si 合金的凝固过程：（a）未变质与 Eu 变质工业 Al-40Zn-5Si 合金的冷却曲线，（b）图（a）中共晶反应区域的放大

表 5.2　未变质与 Eu 变质工业 Al–40Zn–5Si 合金的共晶形核温度（T_N），
最低温度（T_{Min}），生长温度（T_G）和再辉温度（T_G-T_{Min}）

Eu 含量	T_N/℃	T_{Min}/℃	T_G/℃	T_G-T_{Min}/℃
0	—	—	—	—
0.1%	528.0	—	—	—
0.2%	527.8	527.6	528.5	0.9
0.3%	520.3	519.9	523.7	3.8

图 5.21（a）所示为 0.3%Eu 变质工业 Al-40Zn-5Si 合金中一个球状"先共晶硅"的扫描照片，图 5.21（b）为图 5.21（a）方框区域的放大，可以明显观察到其中心含有一个黑色颗粒，通过对球状"先共晶硅"颗粒和中心黑色颗粒进行 EDX 点分析，如图 5.21（c）和图 5.21（d）所示，发现"先共晶硅"中含有较多的 Eu 元素，而黑色颗粒为第 3 章和第 4 章所描述的（Al，Eu）P相，这就说明 Al-40Zn-5Si 合金中 Eu 也可以固溶在 AlP 颗粒中，这无疑削弱了 AlP 颗粒对"先共晶硅"的异质形核能力，致使 0.3%Eu 变质工业 Al-40Zn-5Si 合金中"先共晶硅"数量的大幅度减少，但是仍然有部分（Al，Eu）P 颗粒可以作为硅的异质形核质点，导致了枝晶前沿球状"先共晶硅"的形成。

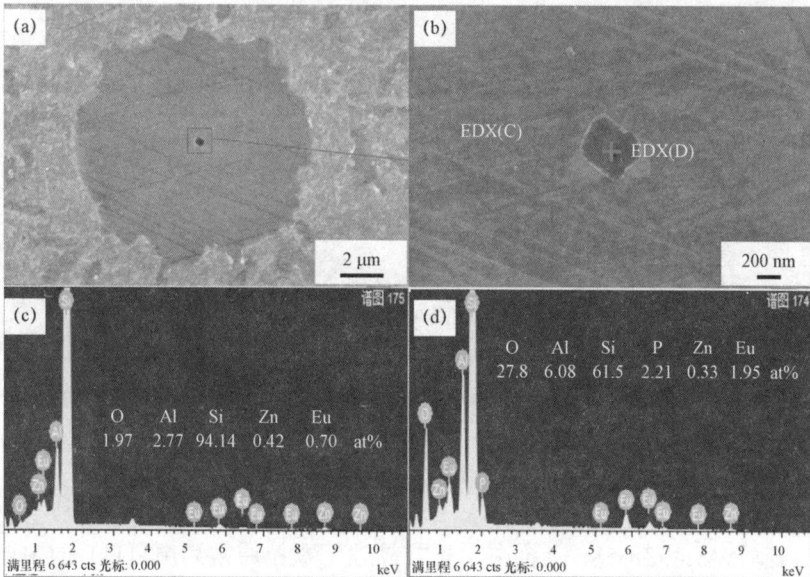

图 5.21　0.3%Eu 变质工业 Al-40Zn-5Si 合金中球状"先共晶硅"的扫描照片及 EDX 分析
（a）低倍 SEM 照片（b）高倍 SEM 照片（c）图（b）中标记 EDX（C）位置的 EDX 点分析，
（d）图（b）中标记 EDX（D）位置的 EDX 点分析

5.5.2 球状"先共晶硅"颗粒的生长机制

图 5.22 为 0.3%Eu 变质工业 Al-40Zn-5Si 合金中一个球状"先共晶硅"附近的电子探针面分析,可以明显地观察到 Eu 元素在球状"先共晶硅"和共晶硅中均有分布,这表明在生长过程中 Eu 元素可以吸附到球状"先共晶硅"和共晶硅的表面。Eu 元素对工业 Al-40Zn-5Si 合金中共晶硅的变质作用与 Al-Si 合金中共晶硅相同,均使共晶硅的形貌由板片状转变为纤维状,这是由于一方面 Eu 元素可以吸附至孪晶凹槽处,进而毒化了硅的孪晶凹槽机制(TPRE);另一方面 Eu 元素诱导了共晶硅中多重孪晶的产生,这就是所谓的杂质诱导孪晶机制(IIT)。

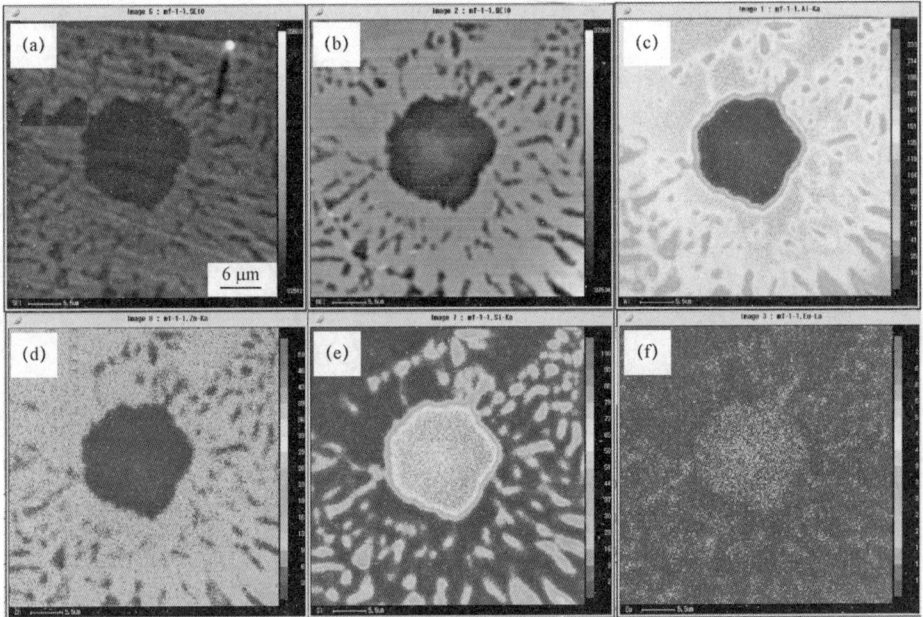

图 5.22　0.3%Eu 变质工业 Al-40Zn-5Si 合金中球状"先共晶硅"附近的电子探针面分析
(a) 二次电子图片 (b) 背散射图片 (c) Al (d) Zn (e) Si (f) Eu

未变质 Al-40Zn-5Si 合金中"先共晶硅"颗粒通常为由{111}面构成的八面体硅、板片状硅和柱状五角形状硅,这是由于硅是金刚石立方晶体结构,八面体硅密排{111}面具有最低的生长速度,本身不含孪晶凹槽,因此{111}

面最终被保留。而板片状硅和柱状五角形状硅则以孪晶凹槽机制（TPRE）的方式生长。然而，有趣的是当在工业 Al-40Zn-5Si 合金中加入 0.3% 的 Eu 元素后，"先共晶硅"颗粒的形貌转变为各向同性生长的球状。为了探索 Eu 元素对球状"先共晶硅"生长的影响，用聚焦离子束（FIB）从一个球状"先共晶硅"中切割取透射样品，切割后的扫描图片如图 5.23（a）所示。

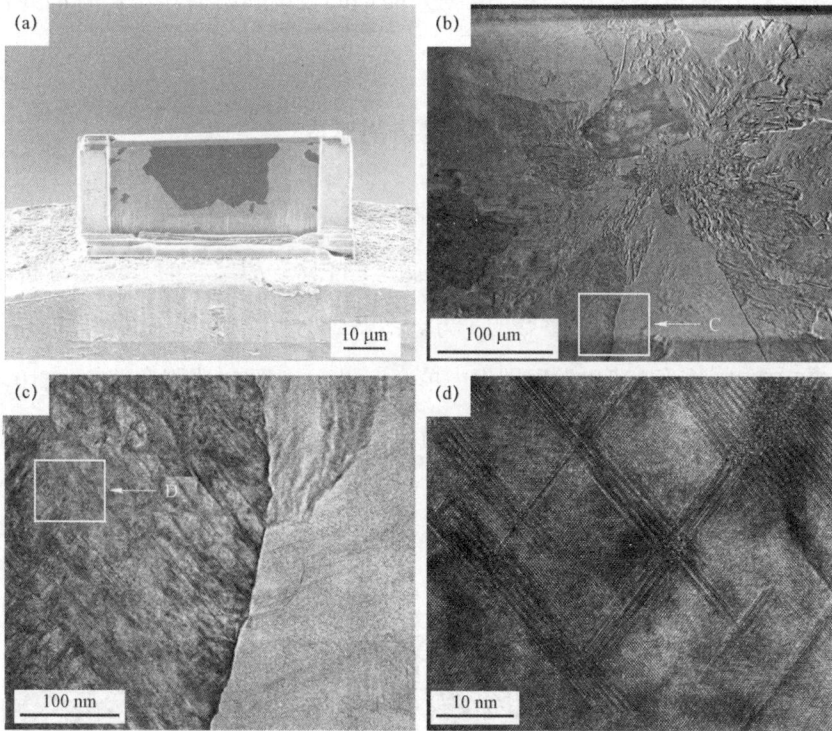

图 5.23　球状"先共晶硅"的扫描和透射照片

（a）球硅经过聚焦离子束切割后的扫描照片（b）球硅内部的透射照片（c）图（b）中标记 C 的方框区域的放大（d）图（c）中标记 D 的方框区域的放大

　　为了更清楚地观察球状"先共晶硅"中的孪晶，在用透射电镜观察时，晶带轴选用 $[011]_{Si}$，图 5.23（b）为其透射图片，可以发现球状"先共晶硅"具有多晶的结构。将图 5.23（b）中标记 C 的方框区域放大，可见晶界两侧都含有高密度的相交孪晶，如图 5.23（c）所示。图 5.23（d）为孪晶的高分辨透射图片，可以看出两个方向孪晶线的夹角约为 70.5°，这与 Eu 变质后纤维共晶硅内部的孪晶形貌相同。此时，尽管共晶硅和"先共晶硅"的生长机制相似，均含有高密度的孪晶，那为什么 Eu 变质后的共晶硅颗粒为高度分枝的纤维状，而 Eu 变质的"先共晶硅"颗粒为球状呢？这是由于它们的生长环境不同造成的。"先共晶硅"颗粒直接在熔体中析出，其生长不受其他相的影响，各向同性生长导致了球状硅的形成；而变质后共晶硅和共晶铝的生长速度相近，共晶硅在生长过程中势必会受到共晶铝的包围和阻碍作用，各向异性生长导致了共晶硅的纤维化和分枝。

5.5.2.1　球状"先共晶硅"中堆垛层错的形成

为了弄清楚 Eu 元素在球状"先共晶硅"颗粒内部的分布，采用高角度环形暗场（HAADF）与扫描透射电子显微（STEM）相结合的方法来分析，其拍摄图像的亮度正比于原子序数的平方。图 5.24 为球状"先共晶硅"的高分辨 HAADF-STEM 图像，可以发现图像中单个 Eu 原子列可以吸附在硅的<110>方向上，在 Eu 原子一侧产生了堆垛层错，如图 5.24（a）所示；或者分别在其两侧同时产生堆垛层错，如图 5.24（b）所示。

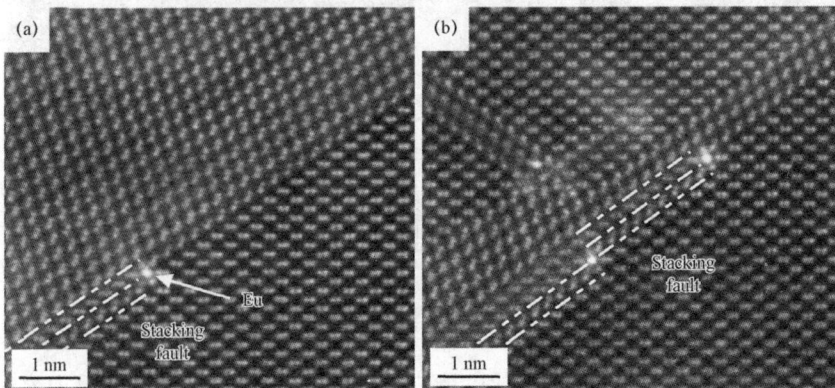

图 5.24　球状"先共晶硅"中堆垛层错的高分辨 HAADF-STEM 图像
（a）Eu 原子一侧堆垛层错的形成　（b）Eu 原子两侧堆垛层错的形成

图 5.25（a）显示了单个 Eu 原子列可以吸附在硅的{111}面生长台阶上，与近邻的硅原子组成了一个"X"状的结构，使 Eu 原子右侧的硅晶体由正常

的原子排列 AABBCCAABB 转变为 AABBCCBBAA 的孪晶结构，使其堆垛顺序发生了颠倒；使 Eu 原子左侧的硅晶体由正常的原子排列 AABBCCAABB 转变为 AABBAABBAA 的复杂孪晶结构，不仅使其堆垛顺序发生了颠倒，还产生了一个抽出型层错。图 5.25（b）显示这种"X"状的结构还可以使 Eu 原子两侧的硅晶体由正常的原子排列 AABBCCAABB 分别转变为 AABBCCBBCC 和 AABBAABBCC 的结构，在 Eu 原子两侧各产生一个抽出型层错，它们也可以看成是仅具有一个原子层厚度的特殊孪晶。因此，"先共晶硅"颗粒内部的堆垛层错和平行孪晶与单个 Eu 原子列在硅的<110>方向上的吸附有关。

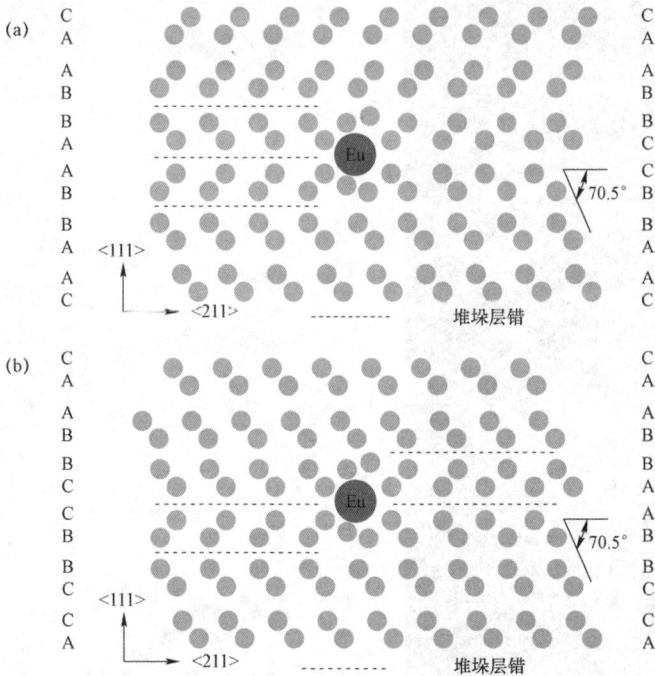

图 5.25　堆垛层错形成示意图

（a）Eu 原子一侧堆垛层错的形成（b）Eu 原子两侧堆垛层错的形成

5.5.2.2　球状"先共晶硅"中相交孪晶的形成

除了堆垛层错和平行孪晶外，球状硅中高密度的相交孪晶也与 Eu 原子有着密切的联系。图 5.26（a）和图 5.26（b）显示单个 Eu 原子列吸附在硅的＜110＞方向上，与周围硅原子组成了一个星状的结构，它与图 5.25 中的"X"状的结构稍有不同。这同时改变了硅原子在两个{111}面上的堆垛顺序，使硅晶体在两个{111}面都产生了孪晶的结构，形成了夹角约为 70.5° 的相交孪晶，而单个 Eu 原子列位于两个{111}孪晶面的交界处。

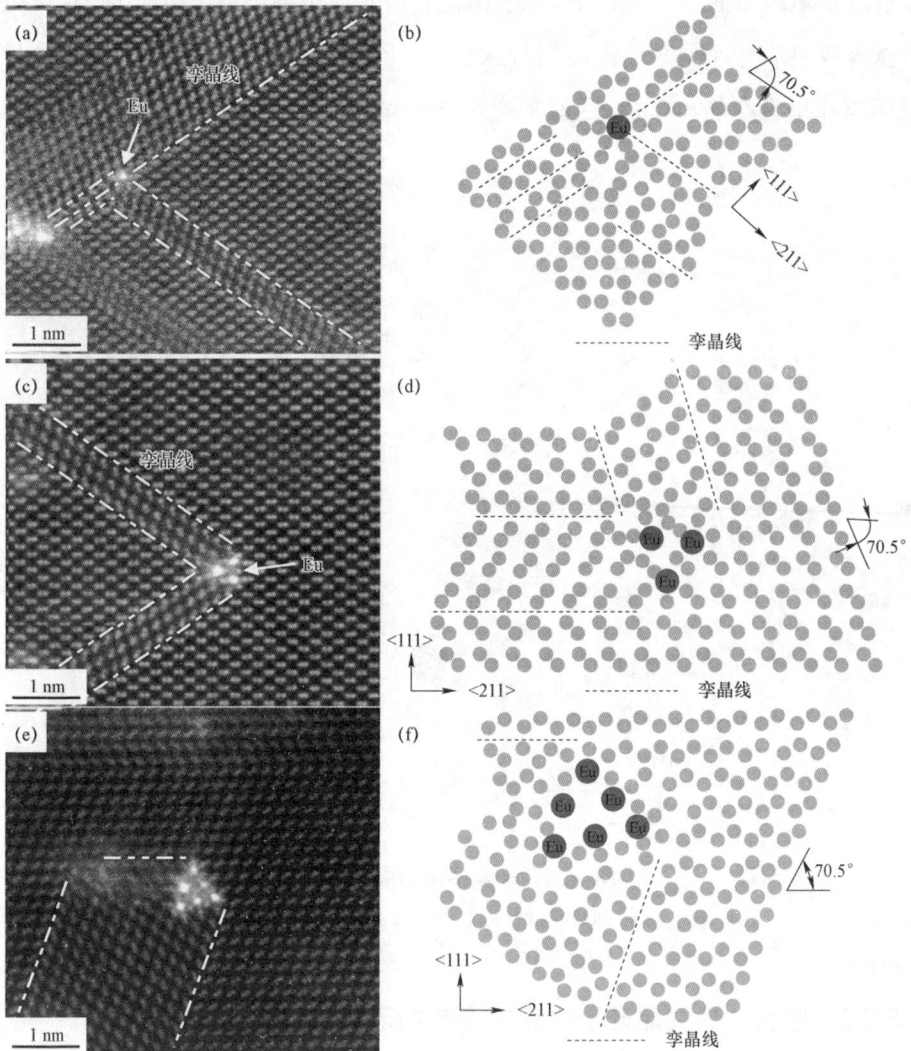

图 5.26　球状"先共晶硅"中相交孪晶的高分辨 HAADF-STEM 图像及其形成示意图

（a，b）单个 Eu 原子列（c，d）三个 Eu 原子列（e，f）六个 Eu 原子列

除了单个 Eu 原子之外，在相交孪晶处还经常发现多个 Eu 原子组成的团簇。图 5.26（c）和图 5.26（d）显示三个 Eu 原子列可以组成一个三角形状的团簇，其与周围硅原子组成了一个更加复杂的结构，它在硅的<110>方向上的吸附也同时改变了硅原子在两个{111}面上的堆垛顺序，产生了 70.5°的相交孪晶，而这三个 Eu 原子列位于与孪晶面相邻的{111}面上，这与产生相交孪晶的单个 Eu 原子列所处位置不同。此外，还在 70.5°的相交孪晶处发现了六个 Eu 原子列组成的三角形状的团簇，其与周围硅原子组成的结构与三个 Eu 原子列组成团簇的情况十分相似，产生孪晶面的位置也是相同的，如图 5.26（e）和图 5.26（f）所示。

因此，单个 Eu 原子列、三个 Eu 原子列和六个 Eu 原子列组成的三角形状团簇在<110>方向上的吸附和相互作用，在"先共晶硅"颗粒中产生了高密度的相交孪晶，甚至在硅晶体中形成了一个由孪晶界组成的平行四边形，如图 5.27 所示。这也使"先共晶硅"颗粒由未变质前的各向异性生长转变为变质后的各向同性生长。

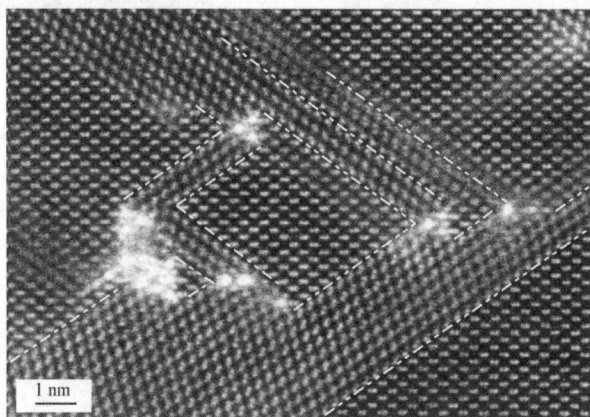

图 5.27　高分辨的 HAADF-STEM 图像显示了多重孪晶的形成

5.5.2.3　Eu 对孪晶凹槽（TPRE）的毒化

除了上述单个 Eu 原子列和多个 Eu 原子列组成的三角形状团簇，球状

"先共晶硅"中还发现了线状分布的 Eu 原子列。图 5.28（a）显示了线状分布的 Eu 原子列可以沿着硅的<112>方向吸附在孪晶面上。图 5.28（b）为图 5.28（a）中方框的放大图像，结果显示线状分布的 Eu 原子列并不是紧密排列的，两个 Si 原子位于相邻的两个 Eu 原子之间。图 5.28（c）为孪晶凹槽毒化示意图，可以发现此时的孪晶界实际上是由 Eu 原子和 Si 原子构成的复杂结构。由于 Eu 原子可以优先与 Si 原子结合吸附在孪晶凹槽上，这就阻碍了 Si 原子在孪晶凹槽上的沉积，消除了 Si 在孪晶凹槽方向上的生长优势，因此毒化了孪晶凹槽生长机制。值得一提的是，并不是所有的孪晶上都有线状 Eu 原子列的分布，这可能是由于孪晶面附近缺乏足够多的 Eu 原子导致的。

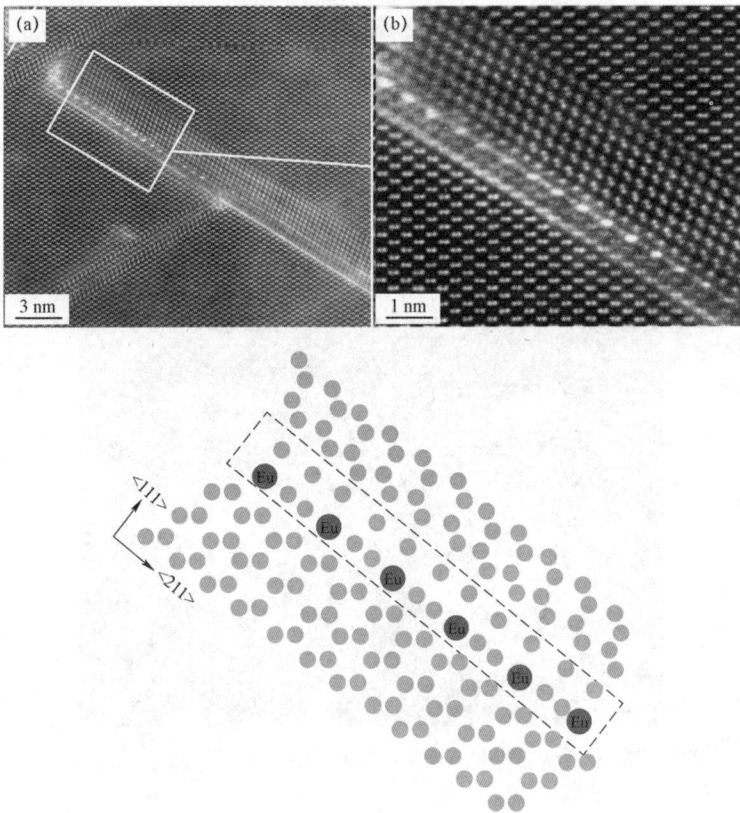

图 5.28　Eu 原子对孪晶凹槽（TPRE）的毒化

（a）高分辨的 HAADF-STEM 图像（b）图（a）中方框的放大图像，

（c）图（b）中孪晶凹槽毒化示意图

5.5.2.4　Eu 在大角度晶界上的吸附

图 5.29（a）显示 Eu 原子列还可以吸附在两个不具有孪晶关系的 Si 晶体的界面处。图 5.29（b）为图 5.29（a）中方框的放大图像，结果显示晶界上吸附的 Eu 原子列也呈线状分布，与毒化孪晶凹槽（TPRE）的线状 Eu 原子相比，更多的 Si 原子位于相邻的两个 Eu 原子之间。图 5.29（c）为 Eu 元素在大角度晶界上的吸附示意图，可以发现 Eu 原子列中的每个 Eu 原子与邻近硅原子也组成了类似图 5.26（b）所示的星状结构，这使得吸附在晶界上的 Eu 原子列同时被两个 Si 晶粒所共有。由于相交孪晶的频繁产生，必然会导致硅晶体中相邻两晶粒的位向不同，可以发现图中所示的两个 Si 晶体的取向错配度为 39°，属于大角度晶界结构，而晶界能随着位向差的增加而增大。而线状分布的 Eu 原子列在大角度晶界上的吸附，降低了原子排列的畸变程度，使相应的界面能也降低，也使变质后的球状"先共晶硅"结构更加稳定，不容易开裂。

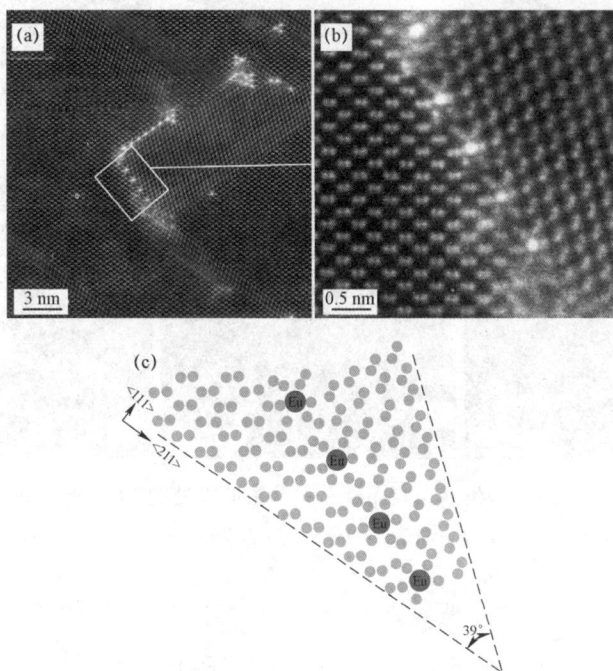

图 5.29　Eu 在大角度晶界上的吸附

（a）高分辨的 HAADF-STEM 图像（b）图（a）中方框的放大图像，

（c）图（b）中 Eu 在大角度晶界上的吸附示意图

5.5.2.5 球状"先共晶硅"中的富 Eu 相

图 5.30 为球状"先共晶硅"颗粒中两个较大 Si 晶粒的晶界处的 EDX 面分布,可以发现晶界处也富含 Eu、Al 和 Zn 元素。图 5.30(a)和图 5.30(b)显示了在晶界处形成了一个细小的颗粒,EDX 面分析表明其可能是一个 Al-Si-Zn-Eu 相,如图 5.30(c-f)所示。这是由于在生长时两个较大的 Si 晶粒的凝固界面前端存在溶质富集,随后在晶界处发生了溶质撞击,导致了溶质夹杂的形成。如果冷却速度足够慢或者偏聚时间足够长,在晶界区域就有可能形成新的相。

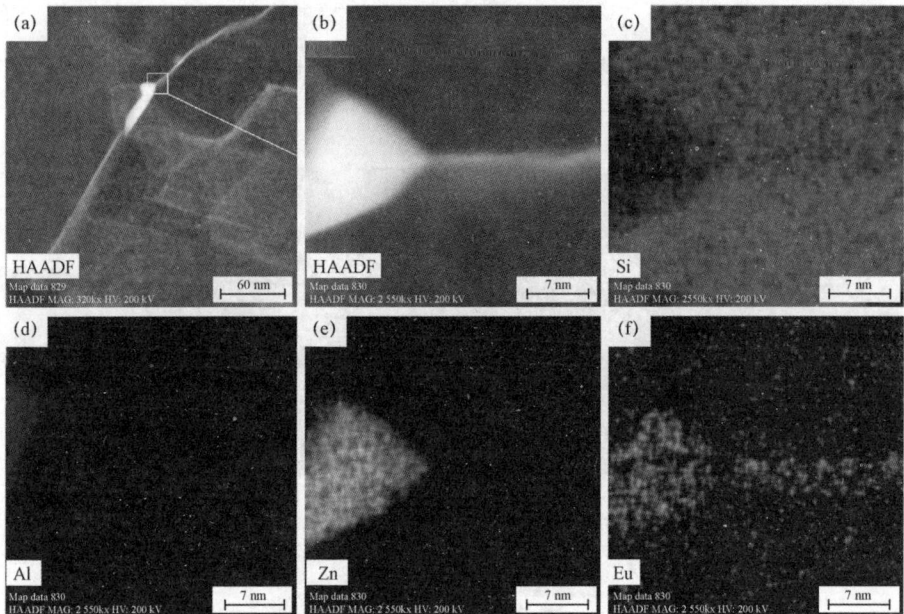

图 5.30 球状"先共晶硅"颗粒中晶界处的 EDX 面分布

(a) HAADF STEM 图像 (b) 图(a)中方框区域的放大 (c) Si (d) Al (e) Zn (f) Eu

图 5.31(a)所示为未变质 Al-40Zn-5Si 合金中某一区域 Zn 元素的微区荧光(μ-XRF)面分布,图 5.31(b)为图 5.31(a)中标记 B 的像素点的微区衍射(μ-XRD)图谱,证明了 Al、Zn 和 Si 相的存在。作为对比,图 5.31(c)为 0.3%Eu 变质的 Al-40Zn-5Si 合金中包含一个球状硅的区域中 Eu 元素的 μ-XRF

面分布，其中 Eu 元素主要分布在球状硅中，这也与前述 EPMA 的实验结果相似。图 5.31（d）为球状硅中标记 D 的像素点的微区衍射（μ-XRD）图谱，可以发现除了 Al、Zn 和 Si 相之外，球状硅中确实存在富 Eu 相。值得一提的，在 Eu 变质共晶硅内部发现的细小 Al₂Si₂Eu 相并不存在于球状硅中，这就说明了变质后球状 Si 中的富 Eu 相只是由于溶质夹杂形成的，它们并不影响球硅的变质过程。

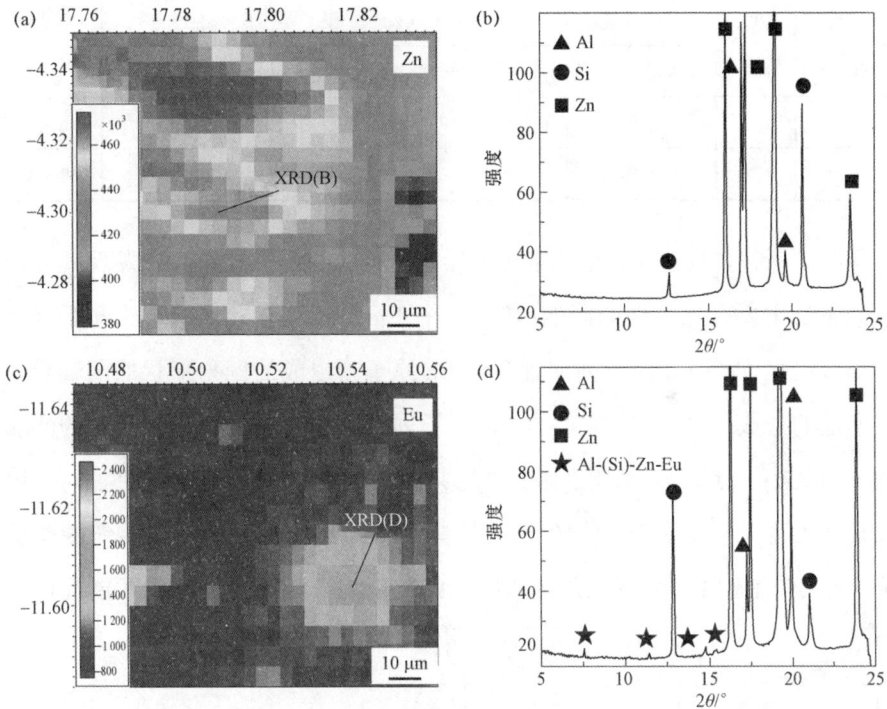

图 5.31　未变质和 Eu 变质工业 Al-40Zn-5Si 合金的 μ-XRF 元素分布和 μ-XRD 图谱

（a）未变质合金中 Zn 元素的 μ-XRF 面分布（b）图（a）中标记 B 的像素点的 μ-XRD 图谱，
（c）0.3%Eu 变质合金中 Eu 元素的 μ-XRF 面分布（d）图（c）标记 D 的像素点的 μ-XRD 图谱

表 5.3　对 Na、Sr 和 Eu 元素对 Al-Zn-Si 合金中初生硅的变质行为进行了总结和对比。可以发现 Eu 元素和 Na[122]和 Sr[6]元素一样，都能将 Al-Zn-Si 合金中的初生硅转变为球状，它们均可以吸附在球硅上，产生高密度的相交孪晶。然而为什么 Eu 元素可以使 Al-40Zn-5Si 合金中的"先共晶硅"变为球状，

而不能使 Al-Si 合金中的初生硅变为球状呢？这可能是由于 Eu 元素在两个合金体系中的扩散速率不同导致的 Eu 元素在硅上的吸附程度不同导致的，由于 Al-Si 合金初生硅在更高的温度析出，此时 Eu 元素可能具有更高的扩散速率，使得 Eu 原子在初生硅上的吸附很弱；而 Al-Zn-Si 合金中"先共晶硅"在较低的温度析出，其扩散速率较低，Eu 原子很容易吸附在"先共晶硅"上。

表 5.3　Na、Sr 和 Eu 元素对 Al–Zn–Si 合金中初生硅的变质行为对比

元素	r/r_{Si}	变质效果	变质含量（wt.%）	是否在球硅上吸附	孪晶分布
Na[122]	1.64	球状	—	是	相交孪晶
Sr[6]	1.84	球状	0.2	是	相交孪晶
Eu	1.75	球状	0.3	是	相交孪晶

综上所述，通过 Eu 对"先共晶硅"颗粒的变质机制研究，发现其对球状硅的生长主要有三方面的影响：① 单个 Eu 原子列导致堆垛层错和平行孪晶的形成；② 单个 Eu 原子列或者多个 Eu 原子列组成的三角形状的团簇导致相交孪晶的形成；③ 线状分布的 Eu 原子列吸附在孪晶上，毒化了硅的孪晶凹槽（TPRE）。这三方面的影响使"先共晶硅"颗粒由未变质前的各向异性生长转变为变质后的各向同性生长。这些实验结果验证和丰富了传统的变质理论，尤其是 Eu 原子组成三角形状团簇的发现为今后变质理论的发展提供了新的角度。

5.6　小　结

本章研究了 Eu 元素对工业 Al-40Zn-5Si 合金中硅相的变质规律，借助同步辐射实时成像技术，研究其对工业 Al-40Zn-5Si 合金凝固过程的影响，进一步阐述了 Eu 元素对类似初生硅的"先共晶硅"相的变质机制，得出以下主要结论：

（1）Pandat 软件很好预测了 Al-40Zn-*x*Si 合金的凝固过程，当 Al-40Zn-*x*Si 合金中 Si 的质量分数小于 5.49%时，初生相是铝，当 Si 的质量分数大于 5.49% 时，初生相为硅。Al-40Zn-5Si 合金属于近共晶合金，具有较大的共晶反应温度区间；

（2）随着 Eu 元素含量的增加，工业 Al-40Zn-5Si 合金中的八面体状、五星柱状和板片状的"先共晶硅"颗粒逐渐转变为球状，板片状的共晶硅逐渐转变为纤维状。

（3）Eu 元素的加入显著提高了合金的拉伸性能，当 Eu 含量为 0.2%时，抗拉强度由未变质的 218 MPa 增加到 255 MPa，延伸率由 0.6%增加到 2.9%，两者分别提高了 16.9%和 383%。

（4）同步辐射实时成像显示，未变质工业 Al-40Zn-5Si 合金中初生相为 *α*-Al，"先共晶硅"颗粒在枝晶前沿析出，共晶反应的领先相为共晶硅，随后共晶铝在共晶硅上形成。0.3%Eu 的加入对"先共晶硅"颗粒的析出具有一定的抑制作用，这是由于 Eu 固溶在 AlP 颗粒中，削弱了 AlP 颗粒对"先共晶硅"的异质形核能力。

（5）Eu 对"先共晶硅"生长的影响机制主要包括：单个 Eu 原子列的吸附导致堆垛层错和平行孪晶的形成；单个 Eu 原子和多个 Eu 原子组成的三角形状团簇的吸附导致相交孪晶的形成；线状分布的 Eu 原子列吸附在孪晶上，毒化了孪晶凹槽（TPRE）。

第 6 章

结论、创新点与展望

6.1 结　论

为了讲一步阐述稀土元素对硅相的变质机理，发掘稀土元素对铝硅和铝锌硅合金的应用潜力，提高合金的力学性能，本书研究了 Eu 与 P 在高纯 Al-7Si 合金中的交互作用机制，进而研究了变质前后共晶硅的生长机制，研究了 Eu 元素对工业 Al-7Si-0.3Mg 合金组织和性能的影响；研究了 Eu 对高纯 Al-16Si 合金中的硅相的变质行为和变质机制，研究了 Eu 和 P 复合变质对工业 Al-16Si 合金中硅相的变质行为和变质机制，进而研究了复合变质对合金性能的影响；此外，本书还研究了 Eu 元素对工业 Al-40Zn-5Si 合金中硅相的变质规律，阐明了 Eu 元素对类似初生硅的"先共晶硅"相的变质机制。基于上述工作，得出以下主要结论：

（1）随着高纯 Al-7Si 合金中 P 含量的增加，共晶硅发生了粗化，共晶团形核率增加，这是由于 AlP 颗粒对硅的异质形核作用所致。而 Eu 元素的加入，则降低了含 P 量为 5 ppm 和 30 ppm 的合金中的共晶团的数量。合金中含 P 量越多，共晶硅由板片状完全转变为纤维状时所需要加入的 Eu 的含量越高。

（2）同步辐射微区荧光（μ-XRF）和同步辐射微区衍射（μ-XRD）实验表明 Eu 能形成单一 Al_2Si_2Eu 相。Eu 元素对熔体中 P 元素的消耗主要包括三个方面：① Eu 固溶于 AlP 中形成了（Al，Eu）P；② 粗大的 Al_2Si_2Eu 相对富

P 颗粒的包裹作用；③ P 元素固溶在粗大 Al$_2$Si$_2$Eu 相中。

（3）未变质板片状共晶硅主要通过孪晶凹槽（TPRE）生长机制生长，共晶硅通常含有两个以上的平行的{111}孪晶面，由于孪晶凹槽和孪晶棱边的交替生长，使板片状共晶硅的最终生长方向呈现为<110>方向。而 Eu 变质后的纤维状共晶硅内部含有高密度的多重孪晶，孪晶线之间的夹角约为 70.5°。Eu 元素吸附在硅的<112>方向上和两条孪晶线的相交处，表明 Eu 元素对共晶硅生长的影响机制主要是通过杂质诱导孪晶（IIT）机制和孪晶凹槽（TPRE）毒化机制起作用。

（4）稀土 Eu 元素的加入，提高了工业 Al-7Si-0.3Mg 合金在铸态下和热处理状态下的抗拉强度和延伸率。当加入稀土 Eu 含量为 0.1%时，工业 Al-7Si 合金在铸态下的质量指数提高了 11.4%，热处理后的质量指数提高了 10.8%。

（5）随着 Eu 含量的增加，高纯 Al-16Si 合金中初生硅的尺寸越来越小，共晶硅也向纤维状转变，表现出了双重变质的效果。Eu 元素对高纯 Al-16Si 合金中初生硅的变质机制不是孪晶凹槽（TPRE）毒化机制和杂质诱导孪晶机制（IIT），而是 Eu 元素的成分过冷机制。

（6）单独加入 Eu 和 P 元素不能实现工业 Al-16Si 合金中中初生硅和共晶硅的双重变质。当向工业 Al-16Si 合金中同时添加 0.15%的 Eu 和 0.06%的 P 时，初生硅细化的同时，共晶硅完全转变为纤维状，达到了双重变质的效果。继续增加铕含量为 0.2%时，初生硅尺寸反而增大。

（7）Eu 和 P 复合变质显著提高了工业 Al-16Si 合金的力学性能。当添加 Eu 含量为 0.15%，P 含量为 0.06%时，合金的抗拉强度提高了 14.1%，延伸率提高了 108%，体积磨损率降低了 35.9%，合金具有良好的拉伸和耐磨性能。

（8）随着 Eu 元素含量的增加，工业 Al-40Zn-5Si 合金中的八面体状、五星柱状和板片状的"先共晶硅"颗粒逐渐转变为球状，板片状的共晶硅逐渐转变为纤维状。Eu 元素的加入显著提高了合金的拉伸性能，当 Eu 含量为 0.2%

时，抗拉强度由未变质的 218 MPa 增加到 255 MPa，延伸率由 0.6%增加到 2.9%，两者分别提高了 16.9%和 383%。

（9）同步辐射实时成像显示，未变质工业 Al-40Zn-5Si 合金中初生相为 α-Al，"先共晶硅"颗粒在枝晶前沿析出，共晶反应的领先相为共晶硅，随后共晶铝在共晶硅上形成。0.3%Eu 的加入对"先共晶硅"颗粒的析出具有一定的抑制作用，这是由于 Eu 与 P 元素形成了金属间化合物，削弱了 AlP 颗粒对"先共晶硅"的异质形核能力。

（10）Eu 对"先共晶硅"生长的影响机制主要包括：单个 Eu 原子列的吸附导致堆垛层错和平行孪晶的形成；单个 Eu 原子和多个 Eu 原子组成的三角形状团簇的吸附导致相交孪晶的形成；线状分布的 Eu 原子列吸附在孪晶上，毒化了孪晶凹槽（TPRE）。

6.2 创 新

（1）通过液淬实验和同步辐射 μ-XRF 和 μ-XRD 分析方法，揭示了 Eu 和 P 元素在亚共晶 Al-7Si 合金中的交互作用，阐明了 Eu 和粗大 Al_2Si_2Eu 相对 P 元素的消耗机理和 Eu 变质共晶硅的生长机制。

（2）研究了 Eu 和 P 对高纯和工业过共晶 Al-16Si 合金中硅相的变质效果，实现了初生硅细化和共晶硅纤维化的双重变质，揭示了 Eu 和 P 对工业 Al-16Si 合金中初生硅的变质机制是异质形核机制和成分过冷机制的协同作用。

（3）采用同步辐射实时成像技术实现了工业 Al-40Zn-5Si 合金中硅晶体长大过程的原位观察，揭示了 Eu 元素对"先共晶硅"晶体长大的抑制机理；基于高分辨的高角环形暗场像发现 Eu 原子可以诱导球状"先共晶硅"中堆垛层错、平行孪晶和相交孪晶，揭示了 Eu 原子对球状"先共晶硅"中孪晶凹槽的毒化机制。

6.3　展　望

本书研究了 Eu 元素对亚共晶 Al-7Si 合金和过共晶 Al-16Si 合金中硅相的变质行为，阐明了 Eu 元素对铝硅合金中初生硅和共晶硅的变质机制。研究了 Eu 元素对工业 Al-40Zn-5Si 合金中硅相的变质规律，阐述了 Eu 元素对类似初生硅的"先共晶硅"相的变质机制。这些研究验证和丰富了变质元素 Eu 对硅相的变质机理，发掘了铝硅和铝锌硅合金的应用潜力，取得了一些有价值的成果，但由于个人能力、精力和博士阶段时间限制，部分问题还有待进一步深入研究。

（1）Eu 元素和工业用细化剂在亚共晶铝硅合金中的交互作用。尽管 Eu 元素对亚共晶铝硅合金中的共晶硅具有很好的变质效果，但是它对初生 α-Al 却没有细化作用。因此今后应该进一步研究 Eu 元素与初生铝细化剂（Al-B、Al-Ti、Al-Ti-B 中间合金）的交互作用，使亚共晶铝硅合金中初生铝在细化的同时，共晶硅也出现较好的变质效果，以期进一步提高亚共晶铝硅合金的性能。

（2）Eu 元素和物理场复合变质对过共晶铝硅合金中硅相的变质规律。尽管 Eu 和 P 复合变质达到了初生硅和共晶硅的双重变质作用，但施加电场、磁场和超声场等物理场与 Eu 元素的相互作用值得深究，今后应该进一步研究 Eu 元素和物理场复合变质对初生硅的变质规律，阐述其作用机制。

（3）Eu 元素对过共晶 Al-40Zn-xSi 合金中硅相的变质规律。尽管发现了 Eu 元素对"先共晶硅"颗粒的球化作用，但是 Eu 元素对初生相为高硅的 Al-40Zn-xSi 合金的变质规律还没有研究，因此今后应该进一步研究 Eu 元素对高 Si 含量的 Al-40Zn-xSi 合金中硅相的变质规律，并借助同步辐射实时成像来观察其凝固过程。

（4）共晶硅和"先共晶硅"颗粒中 Eu 元素的三维分布。尽管在透射电镜下发现了单个 Eu 原子的吸附作用，但是 Eu 原子在共晶硅和"先共晶硅"中的三维形态并不清楚，尤其是"先共晶硅"颗粒中的三角形状 Eu 团簇的三维形貌有待探索。因此今后应该借助三维原子探针（APT）技术来研究硅中 Eu 原子或者团簇的三维分布。

参考文献

［1］ Aladar P. Alloy ［M］. Mountain View: Google Patents, 1921.

［2］ Davies V. D. L, West J. Factors affecting modification of aluminium-silicon eutectic ［J］. Journal of the Institute of Metals, 1964, 92(6): 175-181.

［3］ 赵浩峰，李永莲，饶群力. 球团硅相增强 ZA35 合金基复合材料及其耐磨性 ［J］. 中国有色金属学报，1998（a01）：172-176.

［4］ Timpel M, Wanderka N, Schlesiger R, et al. The role of strontium in modifying aluminium-silicon alloys ［J］. Acta Materialia, 2012, 60(9): 3920-3928.

［5］ Yilmaz F, Atasoy O. A, Elliott R. Growth structures in aluminium-silicon alloys II. The influence of strontium ［J］. Journal of Crystal Growth, 1992, 118(3-4): 377-384.

［6］ Mao F, Chen F, Yan G, et al. Effect of strontium addition on silicon phase and mechanical properties of Zn-27Al-3Si alloy ［J］. Journal of Alloys & Compounds, 2015, 622(12): 871-879.

［7］ Lu S. Z, Hellawell A. The mechanism of silicon modification in aluminum-silicon alloys: Impurity induced twinning ［J］. Metallurgical Transactions A, 1987, 18(10): 1721-1733.

［8］ Hamilton D. R, Seidensticker R. G. Propagation mechanism of germanium dendrites ［J］. Journal of Applied Physics, 1960, 31(7): 1165-1168.

［9］ Wagner R. S. On the growth of germanium dendrites ［J］. Acta Metallurgica, 1960, 8(1): 57-60.

［10］ Day M. G, Hellawell A. The Microstructure and crystallography of aluminium-silicon eutectic alloys ［J］. Proceedings of the Royal Society A Mathematical Physical & Engineering Sciences, 1968, 305(1483): 473-491.

［11］ Li J. H, Albu M, Hofer F, et al. Solute adsorption and entrapment during eutectic Si growth in Al-Si-based alloys ［J］. Acta Materialia, 2015, 83: 187-202.

［12］ Li J. H, Zarif M. Z, Albu M, et al. Nucleation kinetics of entrained eutectic Si in Al-5Si alloys ［J］. Acta Materialia, 2014, 72(3): 80-98.

［13］ Nogita K, Mcdonald S. D, Dahle A. K. Eutectic modification of Al-Si alloys with rare earth metals ［J］. Materials Transactions, 2004, 45(2): 537-537.

［14］ Nogita K, Mcdonald S. D, Tsujimoto K, et al. Aluminium phosphide as a eutectic grain nucleus in hypoeutectic Al-Si alloys ［J］. Journal of Electron Microscopy, 2004, 53(4): 361.

［15］ Ho C, Cantor B. Heterogeneous nucleation of solidification of Si in Al-Si and Al-Si-P alloys ［J］. Acta Metallurgica et Materialia, 1995, 43(8): 3231-3246.

［16］ Ho C. R, Cantor B. Modification of hypoeutectic Al-Si alloys［J］. Journal of Materials Science, 1995, 30(8): 1912-1920.

［17］ Crosley P. B. Modification of aluminum-silicon-alloys［J］. Modern Casting, 1966, 74: 53-64.

［18］ Cho Y. H, Lee H. C, Oh K. H, et al. Effect of strontium and phosphorus on eutectic Al-Si nucleation and formation of β-Al$_5$FeSi in hypoeutectic Al-Si foundry alloys［J］. Metallurgical & Materials Transactions A, 2008, 39(10): 2435-2448.

［19］ 田宋璋. 铸造铝合金 ［M］. 长沙：中南大学出版社，2006.

［20］ Stefanescu D. M. Science and engineering of casting solidification, second edition ［M］. New York: Kluwer Academic/Plenum Publishers, 2002.

［21］ Mondolfo L. F. Al-Si aluminum-silicon system［J］. Aluminum Alloys, 1976, 368-376.

［22］ Ogris E, Wahlen A, Lüchinger H, et al. On the silicon spheroidization in Al-Si alloys［J］. Journal of Light Metals, 2002, 2(4): 263-269.

［23］ 许长林. 变质对过共晶铝硅合金中初生硅的影响及其作用机制［D］. 长春：吉林大学，2007.

［24］ Pei Y. T, Hosson J. T. M. D. Five-fold branched Si particles in laser clad AlSi functionally graded materials［J］. Acta Materialia, 2001, 49(4): 561-571.

［25］ Li Q, Xia T, Lan Y, et al. Effect of rare earth cerium addition on the microstructure and tensile properties of hypereutectic Al-20%Si alloy［J］. Journal of Alloys & Compounds, 2013, 562(1): 25-32.

［26］ Chen T. J, Yuan C. R, Fu M. F, et al. In situ silicon particle reinforced ZA27 composites: part 1-microstructures and tensile properties［J］. Materials Science & Technology, 2008, 24(11): 1321-1332.

［27］ 高存贞，杨涤心，谢敬佩，等. 高铝锌合金研究现状及进展［J］. 热加工工艺，2010，39（7）：23-26.

［28］ Murphy S. Solid-phase reactions in the low-copper part of the Al-Cu-Zn system［J］. Zeitschrift fuer Metallkunde, 1980, 71(2): 96-102.

［29］ Lee P. P, Savaskan T, Laufer E. Wear resistance and microstructure of Zn-Al-Si and Zn-Al-Cu alloys［J］. Wear, 1987, 117(1): 79-89.

［30］ Savaskan T, Murphy S. Mechanical properties and lubricated wear of Zn-25Al-based alloys［J］. Wear, 1987, 116(2): 211-224.

［31］ Alemdağ Y, Savaşkan T. Mechanical and tribological properties of Al-40Zn-Cu alloys［J］. Tribology International, 2009, 42(1): 176-182.

［32］ Savaşkan T, Bican O, Alemdağ Y. Developing aluminium-zinc-based a new alloy for tribological applications［J］. Journal of Materials Science, 2009, 44(8): 1969-1976.

［33］ Alemdağ Y, Savaşkan T. Effects of silicon content on the mechanical properties and lubricated wear behaviour of Al-40Zn-3Cu-0. 5Si alloys ［J］. Tribology Letters, 2008, 29(3): 221-227.

［34］ Savaşkan T, Bican O. Dry Sliding friction and wear properties of Al-25Zn-3Cu-0. 5Si alloys in the as-cast and heat-treated conditions ［J］. Tribology Letters, 2010, 40(3): 327-336.

［35］ Savaşkan T, Alemdağ Y. Effects of pressure and sliding speed on the friction and wear properties of Al-40Zn-3Cu-2Si alloy: A comparative study with SAE 65 bronze ［J］. Materials Science & Engineering A, 2008, 496(1-2): 517-523.

［36］ Bican O, Savaşkan T. A comparative study of lubricated friction and wear behaviour of Al-25Zn-3Cu-3Si bearing alloy ［J］. Proceedings of the Institution of Mechanical Engineers, Part J: Journal of Engineering Tribology, 2014, 228(8): 896-903.

［37］ 董光明, 孙国雄, 廖恒成. 共晶硅的变质 ［J］. 铸造, 2005, 54（1）: 1-5.

［38］ 曹国剑, 左锋, 李艳春, 等. 铝硅合金变质的研究进展 ［J］. 材料导报, 2012, 26（17）: 112-115.

［39］ Takahashi T, Takatsuji Y, Yamada S. Machinability of Al-Si alloy castings modified with sodium, strontium and antimony ［J］. Journal of Japan Institute of Light Metals, 1982, 32(10): 511-516.

［40］ 彭晋民, 钱翰城. 铸态铸造铝硅合金的现状和发展［J］. 铸造技术, 2000（6）: 32-34.

［41］ 江峻, 刘煜, 吴鹏, 等. 铝硅合金变质剂的研究现状及发展趋势 ［J］. 轻工科技, 2014（3）: 15-16.

［42］ 朱培铖, 贾均, 侯廷秀. 铝硅合金变质剂和变质机理的研究与发展 ［J］. 特种铸造及有色合金, 1982（2）: 3-12.

［43］ 车云，张中可，门三泉，等. Sr 变质对新型铸造铝合金组织的影响［J］. 贵州大学学报（自然版），2011，28（5）：39-40.

［44］ 许可，赵玉涛，陈刚，等. Sr 对（Al_2O_3 + Al_3Zr）p/A356 复合材料组织及性能的影响［J］. 特种铸造及有色合金，2008，28（2）：139-141.

［45］ 高泽生. 锶用于 Al-Si 合金的变质处理［J］. 轻合金加工技术，1994（8）：10-16.

［46］ Gruzleski J. E, Closset B. M. The treatment of liquid aluminum-silicon alloys［M］. Schaumburg: American Foundry Society, 1990.

［47］ Jiang H, Sokolowski J. H, Djurdjevic M. B, et al. Recent advances in automated evaluation and on-line prediction of Al-Si eutectic modification level［J］. Transactions of the American Foundrymen's Society, 2000, 108: 505-510.

［48］ 袁象恺，鲁薇华. 锶变质 $AlSi_7Mg_{0.3}$ 合金力学性能衰退的研究［J］. 特种铸造及有色合金，1998（5）：16-18.

［49］ Bian X. F, Zhang Z. H, Liu X. F. Effect of Strontium Modification on Hydrogen Content and Porosity Shape of Al-Si Alloys［J］. Materials Science Forum, 2000, 331-337(1): 361-366.

［50］ Nagel G, Portalier R. Structural modification of aluminum-silicon alloys by antimony treatment［J］. International Cast Metals Journal, 1980, 5(4): 2-6.

［51］ Jacob S. Modification of the alloy Al-S7G06 by sodium, antimony and strontium［J］. Fonderie, 1977(363): 13-25.

［52］ 董光明，廖恒成，孙国雄，等. Sb 在 Al-Si 合金中的变质行为［J］. 铸造，2008，57（3）：211-214.

［53］ 亓效刚，陈俊华，江旭彪. 锑变质共晶硅的异质形核［J］. 特种铸造及有色合金，2000（1）：13-15.

［54］ Abdollahi A, Gruzleski J. E. An evaluation of calcium as a eutectic modifier in A357 alloy［J］. International Journal of Cast Metals Research, 1998,

11(3): 145-155.

［55］ Kumari S. S, Pillai R. M, Pai B. C. Structure and properties of calcium and strontium treated Al-7Si-0. 3Mg alloy: A comparison ［J］. Journal of Alloys & Compounds, 2008, 460(1): 472-477.

［56］ 周继扬, 曹兴言, 丛家瑞, 等. 共晶铝硅合金新的长效变质剂——钡［J］. 铸造, 1980（6）: 15-19.

［57］ Knuutinen A, Nogita K, Mcdonald S, et al. Modification of Al-Si alloys with Ba, Ca, Y and Yb ［J］. Journal of Light Metals, 2001, 1(4): 229-240.

［58］ 李贞宽, 边秀房, 韩娜, 等. Bi 对亚共晶 Al-Si 合金组织和性能的影响［J］. 铸造技术, 2007, 28（11）: 1486-1488.

［59］ Farahany S, Ourdjini A, Asma T, et al. Role of bismuth on solidification, microstructure and mechanical properties of a near eutectic Al-Si alloys［J］. Metals and Materials International, 2014, 20(5): 929.

［60］ 朱培钺, 侯廷秀. 碲在铝硅合金中的变质作用 ［J］. 特种铸造及有色合金, 1983（1）: 9-14.

［61］ 欧阳志英. 铸造铝硅合金熔体处理中添加元素的行为及相互作用研究［D］. 上海: 上海大学, 2006.

［62］ Jiang W, Fan Z, Dai Y, et al. Effects of rare earth elements addition on microstructures, tensile properties and fractography of A357 alloy ［J］. Materials Science and Engineering: A, 2014, 597: 237-244.

［63］ Mao X. M, Ouyang Z. Y, Zhang J. L. A low environmental load modifying and refining treatment of casting Al alloys with RE ［C］. Materials Science Forum, 2005: 429-432.

［64］ 赖华清, 赖俊传, 毛高波. 过共晶铝硅合金变质工艺研究 ［J］. 湖北汽车工业学院学报, 1998（3）: 57-62.

［65］ 张启运, 郑朝贵, 韩万书. 稀土元素对 Al-Si 共晶合金的变质作用 ［J］. 金属学报, 1981, 17（2）: 130-241.

［66］ 李豹. AlSi7Mg 合金共晶硅变质规律及其微观机制［D］. 哈尔滨：哈尔
滨工业大学，2011.

［67］ Pandee P, Gourlay C. M, Belyakov S. A, et al. Eutectic morphology of
Al-7Si-0. 3Mg alloys with scandium additions［J］. Metallurgical &
Materials Transactions A, 2014, 45(10): 4549-4560.

［68］ Vencl A, Bobić I, Vučetić F, et al. Structural, mechanical and tribological
characterization of Zn25Al alloys with Si and Sr addition［J］. Materials &
Design, 2014, 64(9): 381-392.

［69］ 刘金水，舒震，张福全，等. Zn-Al-Si 合金的组织性能及 Na 变质研究［J］.
热加工工艺，1994（5）：36-37.

［70］ Guillet L. Les alliages aluminium-silicium et leurs emplois industriels［J］.
Revue de Métallurgie, 1922, 19(5): 303-310.

［71］ Edwards J. D, Archer R. S. The new aluminum-silicon alloys［J］. Chemical
and Metallurgical Engineering, 1924, 31: 504-508.

［72］ Gwyer A. G. C, Phillips H. W. L. The constitution and structure of the
commercial aluminium-silicon alloys［J］. J. Inst. Metals, 1926, 36: 283-324.

［73］ Thall B. M, Chalmers B. Modification in aluminium silicon alloys［J］.
Journal of the Institute of Metals, 1950, 77(1): 79-84.

［74］ Makhlouf M, Guthy H. The aluminum-silicon eutectic reaction: mechanisms
and crystallography［J］. Journal of Light Metals, 2001, 1(4): 199-218.

［75］ Dahle A, Nogita K, Mcdonald S, et al. Eutectic nucleation and growth in
hypoeutectic Al-Si alloys at different strontium levels［J］. Metallurgical and
Materials Transactions A, 2001, 32(4): 949-960.

［76］ Dahle A. K. Nucleation and grain refinement［C］. Materials Science Forum,
2010: 287-293.

［77］ Ludwig T. H, Schaffer P. L, Arnberg L. Influence of phosphorus on the
nucleation of eutectic silicon in Al-Si alloys［J］. Metallurgical and Materials

Transactions A, 2013, 44(13): 5796-5805.

[78] Flood S, Hunt J. Modification of Al-Si eutectic alloys with Na [J]. Metal Science, 1981, 15(7): 287-294.

[79] Li J. H, Barrirero J, Engstler M, et al. Nucleation and growth of eutectic Si in Al-Si alloys with Na addition [J]. Metallurgical & Materials Transactions A, 2015, 46(3): 1300-1311.

[80] Li J. H, Yang Y. G, Sömmez S, et al. Simultaneously refining eutectic grain and modifying eutectic Si in Al-10Si-0. 3Mg alloys by Sr and CrB$_2$ additions [J]. International Journal of Cast Metals Research, 2016, 29(3): 1-16.

[81] Mcdonald S. D, Nogita K, Dahle A. K. Eutectic grain size and strontium concentration in hypoeutectic aluminium-silicon alloys [J]. Journal of Alloys & Compounds, 2006, 422(1-2): 184-191.

[82] Ludwig T, Dæhlen E. S, Schaffer P, et al. The effect of Ca and P interaction on the Al-Si eutectic in a hypoeutectic Al-Si alloy [J]. Journal of Alloys and Compounds, 2014, 586 180-190.

[83] Ludwig T. H, Li J, Schaffer P. L, et al. Refinement of eutectic Si in high purity Al-5Si alloys with combined Ca and P additions [J]. Metallurgical and Materials Transactions A, 2015, 46(1): 362-376.

[84] McDonald S. D, Nogita K, Dahle A. K. Eutectic nucleation in Al-Si alloys [J]. Acta Materialia, 2004, 52(14): 4273-4280.

[85] 张先锋. 熔体混溶法改善 Al-20wt. %Si 合金初晶硅的工艺探索与优化 [D]. 合肥：合肥工业大学，2013.

[86] Shamsuzzoha M, Hogan L. M. Crystal morphology of massive eutectic silicon in unmodified Al-Si eutectic [J]. Metallography, 1989, 22(1): 37-45.

[87] Shamsuzzoha M, Hogan L. M, Smith D. J, et al. A transmission and high-resolution electron microscope study of cozonally twinned growth of

174

eutectic silicon in unmodified Al-Si alloys〔J〕. Journal of Crystal Growth, 1991, 112(4): 635-643.

〔88〕 Shamsuzzoha M, Hogan L. M, Berry J. T. Effects of modifying agents on crystallography and growth of silicon phase in Al-Si casting alloys〔J〕. Transactions-American Foundrymens Society, 1993: 999.

〔89〕 Shamsuzzoha M, Hogan L. M. The crystal morphology of fibrous silicon in strontium-modified Al-Si eutectic〔J〕. Philosophical Magazine A, 1986, 54(4): 459-477.

〔90〕 Nogita K, Yasuda H, Yoshida K, et al. Determination of strontium segregation in modified hypoeutectic Al-Si alloy by micro X-ray fluorescence analysis〔J〕. Scripta Materialia, 2006, 55(9): 787-790.

〔91〕 Nogita K, Yasuda H, Yoshiya M, et al. The role of trace element segregation in the eutectic modification of hypoeutectic Al-Si alloys〔J〕. Journal of Alloys & Compounds, 2010, 489(2): 415-420.

〔92〕 Faraji M, Katgerman L. Distribution of trace elements in a modified and grain refined aluminium-silicon hypoeutectic alloy〔J〕. Micron, 2010, 41(6): 554-559.

〔93〕 Lu S. Z, Hellawell A. Growth mechanisms of silicon in Al-Si alloys〔J〕. Journal of Crystal Growth, 1985, 73(2): 316-328.

〔94〕 Barrirero J, Li J, Engstler M, et al. Cluster formation at the Si/liquid interface in Sr and Na modified Al-Si alloys〔J〕. Scripta Materialia, 2016, 117: 16-19.

〔95〕 Roland S. R. Aluminium silicon alloy with a phosphorus content of 0. 001 to 0. 1%: US68340733A〔P〕. US 1940922 A〔1933-12-26〕.

〔96〕 Zhang H, Haili D, Guangjie S, et al. Microstructure and mechanical properties of hypereutectic Al-Si alloy modified with Cu-P〔J〕. Rare Metals, 2008, 27(1): 59-63.

［97］ 赵永治，高泽生. 过共晶 Al-Si 合金连续铸造中初晶硅细化的新方法［J］. 轻合金加工技术，1995（10）：5-8.

［98］ Kyffin W. J, Rainforth W. M, Jones H. Effect of treatment variables on size refinement by phosphide inoculants of primary silicon in hypereutectic Al-Si alloys［J］. Materials Science & Technology, 2013, 17(8): 901-905.

［99］ 刘相法，乔进国，宋西贵，等. Al-P 中间合金在 Al-Si 活塞合金中的应用［J］. 特种铸造及有色合金，2002（6）：43-45.

［100］ Zuo M, Liu X. F, Sun Q. Q, et al. Effect of rapid solidification on the microstructure and refining performance of an Al-Si-P master alloy［J］. Journal of Materials Processing Technology, 2009, 209(15): 5504-5508.

［101］ Bao G, Zuo M, Li D, et al. The improvement of microstructures and mechanical properties of near eutectic Al-Si multicomponent alloy by an Al-8Zr-2P master alloy［J］. Materials Science & Engineering A, 2012, 531(5): 55-60.

［102］ 贾延东. Al-50wt.%Si 合金硅相控制及性能研究［D］. 哈尔滨：哈尔滨工业大学，2015.

［103］ Day M. G. Primary silicon spherulites in aluminium-ailicon alloys［J］. Nature, 1968, 219(5161): 1357-1358.

［104］ Fredriksson H, Hillert M, Lange N. The modification of aluminum-silicon alloys by sodium［J］. J Inst Met, 1973, 101: 285-299.

［105］ Kobayashi K, Shingu P. H, Ozaki R. Crystal growth of the primary silicon in an Al-16 wt%Si alloy［J］. Journal of Materials Science, 1975, 10(2): 290-299.

［106］ Kobayashi K. F, Hogan L. M. The crystal growth of silicon in Al-Si alloys［J］. Journal of Materials Science, 1985, 20(6): 1961-1975.

［107］ 桂满昌，贾均，李庆春. Na、Sr 和 P 对过共晶 Al-Si 合金星状初晶硅形核和生长的影响［J］. 航空材料学报，1997，17（4）：1-7.

［108］ Vijeesh V, Prabhu K. N. Review of Microstructure Evolution in Hypereutectic Al-Si Alloys and its Effect on Wear Properties ［J］. Transactions of the Indian Institute of Metals, 2014, 67(1): 1-18.

［109］ 胡慧芳. Al-25%Si 合金 Si 相形态、变质及性能研究 ［D］. 重庆：重庆大学，2010.

［110］ Liu G, Li G, Cai A, et al. The influence of Strontium addition on wear properties of Al-20wt. %Si alloys under dry reciprocating sliding condition ［J］. Materials & Design, 2011, 32(1): 121-126.

［111］ 孙宝德，李克. 镧，钇稀土在过共晶铝硅合金中的作用 ［J］. 上海交通大学学报，1999，33（7）：795-798.

［112］ Chang J, Moon I, Choi C. Refinement of cast microstructure of hypereutectic Al-Si alloys through the addition of rare earth metals ［J］. Journal of Materials Science, 1998, 33(20): 5015-5023.

［113］ Weiss J, Loper C. Primary silicon in hypereutectic aluminum-silicon casting alloys ［J］. AFS Trans, 1987, 32: 51.

［114］ Li Q, Xia T, Lan Y, et al. Effect of rare earth cerium addition on the microstructure and tensile properties of hypereutectic Al-20%Si alloy ［J］. Journal of Alloys and Compounds, 2013, 562: 25-32.

［115］ 涂小林，吴树森，吴广忠. $(NaPO_3)_n$ 对过共晶 Al-Si 合金初晶硅细化的研究 ［J］. 材料工程，2002（8）：13-16.

［116］ 赵恒先，陈润辉. 过共晶铝硅合金细化变质的进展 ［J］. 轻金属，1992（2）：61-64.

［117］ Zuo M, Zhao D, Teng X, et al. Effect of P and Sr complex modification on Si phase in hypereutectic Al-30Si alloys ［J］. Materials & Design, 2013, 47(9): 857-864.

［118］ Aiqin W, Zhang L, Jingpei X. Effects of cerium and phosphorus on microstructures and properties of hypereutectic Al-21%Si alloy ［J］.

Journal of Rare Earths, 2013, 31(5): 522-525.

［119］ 党平，蒋青，杜维玺，等. 铸造铝硅合金中 Ce、P 双重变质作用［J］. 稀土，1987（6）：24-29.

［120］ 杨斌，夏兰廷，蔺虹宾，等. 不同 Si/Al 比和变质处理对 ZA27 合金中 Si 相形态的影响［J］. 铸造，2007，56（7）：743-745.

［121］ 姚宏博，陈刚，赵玉涛，等. 磷变质对原位 Sip/ZA27 复合材料组织和 性能的影响［J］. 机械工程材料，2010，34（1）：65-68.

［122］ 赵浩峰，韩世平. 球团及杆状硅相复合增强 ZA27 合金的结构及其耐 磨性研究［J］. 摩擦学学报，1998（2）：136-140.

［123］ 赵浩峰，饶群力. 球硅增强锌铝合金的组织和性能研究［J］. 材料科 学与工艺，1997（4）：103-106.

［124］ 韩富银，高义斌，赵浩峰. 钠盐变质及振动对 Zn-27Al-Si 合金组织和 性能的影响［J］. 材料科学与工艺，2005，13（2）：182-184.

［125］ 游志勇，赵浩峰，李建春，等. Zn-Al-Si 合金的断裂特性研究［J］. 铸 造技术，2009，30（7）：892-895.

［126］ Lescuyer H, Allibert M, Laslaz G. Solubility and precipitation of AlP in Al-Si melts studied with a temperature controlled filtration technique［J］. Journal of Alloys and Compounds, 1998, 279(2): 237-244.

［127］ Liu X, Wu Y, Bian X. The nucleation sites of primary Si in Al-Si alloys after addition of boron and phosphorus［J］. Journal of Alloys and Compounds, 2005, 391(1-2): 90-94.

［128］ Sigworth G. Refinement of hypereutectic Al-Si alloys［J］. AFS Transactions, 1987, 95: 303-314.

［129］ Li J. H, Hage F. S, Liu X, et al. Revealing heterogeneous nucleation of primary Si and eutectic Si by AlP in hypereutectic Al-Si alloys［J］. Scientific Reports, 2016, 6: 25244.

［130］ 车泽宏，李亚国. CeO_2 在过共晶 Al-Si 合金中变质机理的研究［J］. 特

种铸造及有色合金，2002，6：41-42.

［131］ 李贞宽，边秀房，韩娜，等. 纯铈对共晶和过共晶 Al-Si 合金微观组织的影响 ［J］. 铸造技术，2006，27（11）：1210-1213.

［132］ 李庆林. 过共晶 Al-20%Si 合金 Si 相形态的演变及性能研究 ［D］. 兰州：兰州理工大学，2014.

［133］ Nogita K, McDonald S, Dahle A. Solidification mechanisms of unmodified and strontium-modified hypereutectic aluminium-silicon alloys ［J］. Philosophical Magazine, 2004, 84(17): 1683-1696.

［134］ Kim M. Electron back scattering diffraction (EBSD) analysis of hypereutectic Al-Si alloys modified by Sr and Sc ［J］. Metals & Materials International, 2007, 13(2): 103-107.

［135］ 陈飞. 锌基复合材料的制备及表征 ［D］. 大连：大连理工大学，2016.

［136］ 魏伯康，林汉同，刘俊明，等. 稀土在过共晶 Al-Si 合金中的变质作用 ［J］. 特种铸造及有色合金，1993（3）：6-9.

［137］ Chang J. Y, Kim G. H, Moon I. G, et al. Rare earth concentration in the primary Si crystal in rare earth added Al-21wt. %Si alloy ［J］. Scripta Materialia, 1998, 39(3): 307-314.

［138］ 石为喜. Nd 对过共晶铝硅合金中初生硅的变质作用及变质机理 ［D］. 沈阳：东北大学，2011.

［139］ Li Q, Xia T, Lan Y, et al. Effects of rare earth Er addition on microstructure and mechanical properties of hypereutectic Al-20%Si alloy ［J］. Journal of Alloys & Compounds, 2013, 588(1-2): 97-102.

［140］ Elder F. R, Gurewitsch A. M, Langmuir R. V, et al. Radiation from electrons in a synchrotron ［J］. Physical Review, 1947, 71(11): 829-830.

［141］ 曹飞，王同敏. 同步辐射成像技术在金属材料研究中的应用 ［J］. 中国材料进展，2017，36（3）：161-167.

［142］ 王同敏，朱晶，陈宗宁，等. 电场调控下合金凝固过程枝晶形貌演变

同步辐射原位成像 [J]. 中国科学：物理学力学天文学，2011，41（1）：23-28.

[143] 王沿东，张哲维，李时磊，等. 同步辐射高能 X 射线衍射在材料研究中的应用进展 [J]. 中国材料进展，2017，36（3）：168-174.

[144] 朱晶. 电场调控下合金凝固微观行为同步辐射研究 [D]. 大连：大连理工大学，2013.

[145] Kaukler W. F, Rosenberger F. X-ray microscopic observations of metal solidification dynamics [J]. Metallurgical & Materials Transactions A, 1994, 25(8): 1775-7.

[146] Yin H, Koster J. N. In situ observation of concentrational stratification and solid-liquid interface morphology during Ga-5%In alloy melt solidification [J]. Journal of Crystal Growth, 1999, 205(4): 590-606.

[147] Mathiesen R. H, Arnberg L, Mo F, et al. Time resolved X-Ray imaging of dendritic growth in binary alloys [J]. Physical Review Letters, 1999, 83(24): 5062-5065.

[148] Gibbs J. W, Tourret D, Gibbs P. J, et al. In situ X-Ray observations of dendritic fragmentation during directional solidification of a Sn-Bi alloy [J]. JOM, 2015, 68(1): 1-8.

[149] Li B, Brody H. D, Kazimirov A. Real-time observation of dendrite coarsening in Sn-13%Bi alloy by synchrotron microradiography [J]. Physical Review E, 2004, 70(6): 062602.

[150] Li B, Brody H. D, Kazimirov A. Synchrotron microradiography of temperature gradient zone melting in directional solidification [J]. Metallurgical & Materials Transactions A, 2006, 37(3): 1039-1044.

[151] Wang T. M, Jingjing X. U, Jun L. I, et al. In situ study on dendrite growth of metallic alloy by a synchrotron radiation imaging technology [J]. Science China Technological Sciences, 2010, 53(5): 1278-1284.

［152］ Bogno A, Nguyen-Thi H, Buffet A, et al. Analysis by synchrotron X-ray radiography of convection effects on the dynamic evolution of the solid-liquid interface and on solute distribution during the initial transient of solidification ［J］. Acta Materialia, 2011, 59(11): 4356-4365.

［153］ Chen F, Mao F, Xuan Z, et al. Real time investigation of the grain refinement dynamics in zinc alloy by synchrotron microradiography ［J］. Journal of Alloys and Compounds, 2015, 630(2): 60-67.

［154］ Kang H. J, Zhou P, Cao F, et al. Real-time observation on coarsening of second-phase droplets in Al-Bi immiscible alloy using synchrotron radiation X-ray imaging technology ［J］. Acta Metallurgica Sinica, 2015, 28(7): 940-945.

［155］ Mathiesen R. H, Arnberg L, Bleuet P, et al. Crystal fragmentation and columnar-to-equiaxed transitions in Al-Cu studied by synchrotron X-ray video microscopy ［J］. Metallurgical & Materials Transactions A, 2006, 37(8): 2515-2524.

［156］ Nogita K, Yasuda H, Prasad A, et al. Real time synchrotron X-ray observations of solidification in hypoeutectic Al-Si alloys ［J］. Materials Characterization, 2013, 85(6): 134-140.

［157］ Prasad A, Mcdonald S. D, Yasuda H, et al. A real-time synchrotron X-ray study of primary phase nucleation and formation in hypoeutectic Al-Si alloys ［J］. Journal of Crystal Growth, 2015, 430: 122-137.

［158］ Reinhart G, Mangelinck-Noël N, Nguyen-Thi H, et al. Investigation of columnar-equiaxed transition and equiaxed growth of aluminium based alloys by X-ray radiography ［J］. Materials Science & Engineering A, 2005, 413(6): 384-388.

［159］ Schaffer P. L, Mathiesen R. H, Arnberg L. L 2 droplet interaction with α-Al during solidification of hypermonotectic Al-8 wt. %Bi alloys ［J］.

Acta Materialia, 2009, 57(10): 2887-2895.

[160] Thi H. N, Reinhart G, Buffet A, et al. In situ and real-time analysis of TGZM phenomena by synchrotron X-ray radiography [J]. Journal of Crystal Growth, 2008, 310(11): 2906-2914.

[161] Mathiesen R. H, Arnberg L, Li Y, et al. X-Ray videomicroscopy studies of eutectic Al-Si solidification in Al-Si-Cu [J]. Metallurgical & Materials Transactions A, 2011, 42(1): 170-180.

[162] Mathiesen R. H, Arnberg L, Li Y, et al. X-Ray video microscopy studies of irregular eutectic solidification microstructures in Al-Si-Cu Alloys [J]. ISIJ International, 2010, 50(50): 1936-1940.

[163] 吴应荣. 硬 X 射线微探针及其应用[J]. 核技术, 1999, 22（2）: 123-128.

[164] 邓彪, 余笑寒, 徐洪杰. 同步辐射硬 X 射线微束技术 [J]. 核技术, 2007, 30（5）: 397-402.

[165] 张继超. 微束 X 射线荧光成像方法及其在纳米材料生物学效应研究中的应用 [D]. 上海: 中国科学院研究生院（上海应用物理研究所）, 2013.

[166] 卢兰露. Te 在镍中的晶间脆化微观机理的研究 [D]. 上海: 中国科学院研究生院（上海应用物理研究所）, 2016.

[167] Manickaraj J, Gorny A, Cai Z, et al. X-ray nano-diffraction study of Sr intermetallic phase during solidification of Al-Si hypoeutectic alloy [J]. Applied Physics Letters, 2014, 104(7): 145.

[168] Mcdonald S. D, Dahle A. K, Taylor J. A, et al. Eutectic grains in unmodified and strontium-modified hypoeutectic aluminum-silicon alloys [J]. Metallurgical & Materials Transactions A, 2004, 35(6): 1829-1837.

[169] Bramfitt B. L. The effect of carbide and nitride additions on the heterogeneous nucleation behavior of liquid iron [J]. Metallurgical Transactions, 1970, 1(7): 1987-1995.

［170］ 赵杰. 材料科学基础［M］. 大连：大连理工大学出版社，2015.

［171］ 闵乃本. 实际晶体的生长机制［J］. 人工晶体学报，1992（3）：217-229.

［172］ Fujiwara K. Crystal Growth Behaviors of Silicon during Melt Growth Processes［J］. International Journal of Photoenergy, 2012, 2012(1): 311-329.

［173］ Li J. H, Wang X. D, Ludwig T. H, et al. Modification of eutectic Si in Al-Si alloys with Eu addition［J］. Acta Materialia, 2015, 84(85): 153-163.

［174］ Li J. H, Hage F, Wiessner M, et al. The roles of Eu during the growth of eutectic Si in Al-Si alloys［J］. Scientific Reports, 2015, 5: 13802.

［175］ Sebaie O. E, Samuel A. M, Samuel F. H, et al. The effects of mischmetal, cooling rate and heat treatment on the eutectic Si particle characteristics of A319. 1, A356. 2 and A413. 1 Al-Si casting alloys［J］. Materials Science & Engineering A, 2008, 486(1): 241-252.

［176］ Tiryakioğlu M. The effect of solution treatment and artificial aging on the work hardening characteristics of a cast Al-7%Si-0.6%Mg alloy［J］. Materials Science& Engineering A, 2006, 427(1-2): 154-159.

［177］ Zhang D. L, Zheng L. H, Stjohn D. H. Effect of a short solution treatment time on microstructure and mechanical properties of modified Al-7wt. %Si-0.3wt. %Mg alloy［J］. Journal of Light Metals, 2002, 2(1): 27-36.

［178］ Tsai Y. C, Chou C. Y, Lee S. L, et al. Effect of trace La addition on the microstructures and mechanical properties of A356 (Al-7Si-0.35 Mg) aluminum alloys［J］. Journal of Alloys and Compounds, 2009, 487(1): 157-162.

［179］ Tsai Y. C, Lee S. L, Lin C. K. Effect of trace Ce addition on the microstructures and mechanical properties of A356(Al-7Si-0.35Mg) aluminum alloys［J］. Journal of the Chinese Institute of Engineers, 2011,

34(5): 609-616.

[180] Qiu H, Yan H, Hu Z. Effect of samarium(Sm)addition on the microstructures and mechanical properties of Al-7Si-0. 7Mg alloys [J]. Journal of Alloys and Compounds, 2013, 567(15): 77-81.

[181] Li B, Wang H, Jie J, et al. Effects of yttrium and heat treatment on the microstructure and tensile properties of Al-7. 5Si-0. 5Mg alloy [J]. Materials & Design, 2011, 32(3): 1617-1622.

[182] Arfan M, Cong X. U, Wang X, et al. High strength aluminum cast alloy: A Sc modification of a standard Al-Si-Mg cast alloy[J]. Materials Science & Engineering A, 2014, 604(604): 122-126.

[183] 朱培钺, 刘启阳, 侯廷秀. 共晶硅粒状化过程 [J]. 特种铸造及有色合金, 1985(6): 3-9.

[184] Drouzy M, Jacob S, Richard M. Interpretation of tensile results by means of quality index and probable yield strength-application to Al-Si7Mg foundry alloys-France [J]. International Cast Metals Journal, 1980, 5(2): 43-50.

[185] Mousavi G. S, Emamy M, Rassizadehghani J. The effect of mischmetal and heat treatment on the microstructure and tensile properties of A357 Al-Si casting alloy [J]. Materials Science & Engineering A, 2012, 556(11): 573-581.

[186] Shi Z. M, Wang Q, Zhao G, et al. Effect of erbium modification on the microstructure and mechanical properties of A356 aluminum alloys [J]. Materials Science & Engineering A, 2015, 626: 102-107.

[187] Jiang W. M, Fan Z. T, Dai Y. C, et al. Effects of rare earth elements addition on microstructures, tensile properties and fractography of A357 alloy [J]. Materials Science & Engineering A, 2014, 597: 237-244.

[188] Haque M. M, Sharif A. Study on wear properties of aluminium-silicon

piston alloy［J］. Journal of Materials Processing Technology, 2001, 118(1-3): 69-73.

［189］ Li J, Elmadagli M, Gertsman V. Y, et al. FIB and TEM characterization of subsurfaces of an Al-Si alloy(A390)subjected to sliding wear［J］. Materials Science & Engineering A, 2006, 421(1-2): 317-327.

［190］ Chernov A. A. Stability of faceted shapes［J］. Journal of Crystal Growth, 1974, 24: 11-31.

［191］ Xu C. L, Wang H. Y, Liu C, et al. Growth of octahedral primary silicon in cast hypereutectic Al-Si alloys［J］. Journal of Crystal Growth, 2006, 291(2): 540-547.

［192］ Liu Y, Zhang Y, Yu W, et al. Pre-nucleation clusters mediated crystallization in Al-Si melts［J］. Scripta Materialia, 2016, 110: 87-91.

［193］ Chen C, Liu Z. X, Ren B, et al. Influences of complex modification of P and RE on microstructure and mechanical properties of hypereutectic Al-20Si alloy［J］. Transactions of Nonferrous Metals Society of China, 2007, 17: 301-306.

［194］ 束德林. 工程材料力学性能［M］. 北京：机械工业出版社，2007.

［195］ Ramesh C. S, Ahamed A. Friction and wear behaviour of cast Al 6063 based in situ metal matrix composites［J］. Wear, 2011, 271(9-10): 1928-1939.

［196］ 黄平. 摩擦学教程［M］. 北京：高等教育出版社，2008.

［197］ 刘正林. 摩擦学原理［M］. 北京：高等教育出版社，2009.

［198］ Dai W, Xue S, Lou J, et al. Development of Al-Si-Zn-Sr filler metals for brazing 6061 aluminum alloy［J］. Materials & Design, 2012, 42(12): 395-402.

［199］ 李倩娣. Mg-Gd-Y 系多元合金相图的评估和优化［D］. 西安：西安工业大学，2016.

［200］ 武月春，陈敬超，彭平，等. 基于 Pandat 软件的相图计算及其方法概述 ［J］. 热加工工艺，2014（12）：103-106.

［201］ 高仑. 锌与锌合金及应用 ［M］. 北京：化学工业出版社，2011.

［202］ Chen R. Y, Willis D. J. The behavior of silicon in the solidification of Zn-55Al-1. 6Si coating on steel ［J］. Metallurgical & Materials Transactions A, 2005, 36 (1): 117-128.

［203］ Shahani A. J, Xiao X, Voorhees P. W. The mechanism of eutectic growth in highly anisotropic materials ［J］. Nature Communications, 2016, 7: 12953.

［204］ Dinnis C. M, Dahle A. K, Taylor J. A. Three-dimensional analysis of eutectic grains in hypoeutectic Al-Si alloys ［J］. Materials Science & Engineering A, 2005, 392(1-2): 440-448.